建筑设计感悟与思考

王珣 著

中国建筑工业出版社

图书在版编目(CIP)数据

我的建筑十年 设计感悟与思考/王珣著. —北京：中国建筑工业出版社，2011.12
ISBN 978-7-112-13832-6

Ⅰ.①我… Ⅱ.①王… Ⅲ.①建筑设计-研究 Ⅳ.①TU2

中国版本图书馆CIP数据核字（2011）第248638号

责任编辑：唐 旭
责任校对：王誉欣 关 健

我的建筑十年 设计感悟与思考
王 珣 著
*
中国建筑工业出版社出版、发行（北京西郊百万庄）
各地新华书店、建筑书店经销
北京嘉泰利德公司制版
北京盛通印刷股份有限公司印刷
*
开本：787×1092毫米 1/16 印张：11¾ 字数：292千字
2012年1月第一版 2012年6月第二次印刷
定价：69.00元
ISBN 978-7-112-13832-6
(21531)

序　　言

这是一本青年建筑师介绍自己成长历程的书。

作者王珣曾经是我的同事，年纪与我的孩子相仿，2001年获得建筑学硕士学位后走出校园，来到中国建筑设计研究院从事建筑设计工作。十年来，王珣从普通的建筑设计人员，到专业负责人，到项目主持人，再到设计公司总建筑师并拥有各专业技术过硬、配合默契的设计团队，他成功地实现了一次又一次人生跨越和角色转换。迄今为止，仅在北京一地，他就有7个大型建筑项目已经建成并投入使用，这是持之以恒的必然结果。

在同龄人眼中，王珣是成功的。他业务功底扎实，工作游刃有余，对外受到合作伙伴的信任和尊重，对内得到团队同事的支持和拥戴，虽然不是“年少得志”的明星建筑师，但他却工作得充实、幸福、快乐。

王珣和所有青年建筑师一样，既能一次次享受到方案中标后的成就感，也屡屡品尝过未能中标的失落和遗憾。在当前激烈的市场竞争环境下，后者所占几率一般总是要高于前者，如何正确看待成功与失败，是需要认真思考的问题。

当代年轻人的生活和工作节奏极快，很少有时间坐下来总结心得，于是只追求工作成果，不反思工作过程中的教训，以获取和积累经验，就成为人们的一种通病。

近年来，国内有关建筑设计方面的新书层出不穷，内容大多是成功作品的汇集。可是王珣这本书却独树一帜，它的与众不同在于切入点并非设计的成果，而是注重设计过程中的经验教训的分析和创作心路历程的再现。每个片段的回忆都非长篇大论，而是取源于工作和生活的原始感受。在我带过的一批年轻建筑师中，王珣从表面看似乎并不属于才华横溢、天赋绝佳的设计师，但是他的勤奋、执著和认真的态度以及对建筑设计发自内心的热爱，给我留下了深刻印象。所以，这本笔墨不多、源自工作深层感悟的册子出自王珣之手，也就不足为怪了。

十年对于整个人生来说，既短暂又漫长。能将十年来所做的工作加以归纳、分析，从中提炼出规律性的东西实属不易，而这些，恰恰就是王珣成功的秘诀。这本书最大的价值，在于能为新生代建筑师们提供借鉴，让他们更快地成长进步，去获取成功。

社会在高速地发展，新鲜事物层出不穷，面对这绚丽多彩、光怪陆离的大千世界，很多年轻人难免左顾右盼、挑肥拣瘦，在人生道路选择和职业规划方面用心不专。王珣的经历再次验证了“一分耕耘，一分收获”这一朴素的古训。一个人确定了人生目标后，只要坚定不移、持之以恒，就能获得满意的结局。

我希望有更多的中青年建筑师，像王珣一样把自己的工作和生活经验拿出来与同行分享，这对于提升我国建筑师队伍的专业技术水准和业务素养有很大的帮助。我相信，中国建筑未来的希望，就寄托在这些年轻人的身上。

中国建筑设计研究院
副总规划师　韩秀琦
2011 年 7 月 20 日 于北京

前　言

自硕士研究生毕业后，在设计单位从事一线建筑设计工作已经整整十年，经历了由而立到不惑的历程。十年时间转瞬即逝，突然发现自己做过并已经竣工使用或即将竣工的项目竟有160多万平方米，仅在北京城立起来的建筑单体居然有26栋之多，连自己都不敢相信。

回首十年往事，勾起许多令人难忘的回忆。十年来，深感自己的设计能力有很多的不足和欠缺，只能用对这份事业的喜爱、执著和坚持来聊以自慰。对这些片段的回忆进行整理，算是对自己的工作做一个阶段性总结，也算对设计合作伙伴的一个感谢。同时希望设计界前辈能多加指正，对同龄建筑师，能唤起共鸣，对年轻设计师，能有所帮助。

大学的理论学习和课程设计与在设计院进行实际工程设计是完全不同的两个设计范畴。

学校的设计课程往往是在老师的指导下，对命题项目进行设计，学生可以充分发挥自己的想象力，天马行空，而没有任何条条框框的束缚。这样的条件下，许多有天赋和才华的青年学子，在致力于培养建筑师的导师的引导下，会创作出很多优秀的作品。在设计院进行的工程设计则完全不同，设计工作需要考虑迎合业主所好、考虑投资造价、满足市场需求等多方面因素，所以每一栋建筑的竣工都饱含了设计师的心血和汗水。每个建筑师看着自己设计的建筑落成的那一刻，心里必定好像打翻了五味瓶一样。因为在设计过程中，图纸里的喜悦、痛苦、得意、委屈只有建筑师自己清楚，而且大部分中国建筑师都对自己已经落成的作品带有遗憾或者无奈的心情。

自己在这十年的设计工作中经历了各种各样的问题，有欣喜也有苦闷，碰壁多多，挫折多多，教训多多，总结心得，与大家共享。

由于平时工作繁忙，少有整段时间写作，只能挤时间动笔。本书历时近两年才得以完成，但片段的写作也带来心情的舒畅，享乐其中。书中的设计作品是从参与过的近百个设计项目中，经过认真分析后挑选出来的，与大家分享成功或失败，但是其中问题仍然很多，希望大家到我的微博（不惑匠人）里多多拍砖，以便改正。本书既非作品集锦，也非设计年鉴，初衷只为做一块“垫脚石”，因而更希望多关注设计过程结束后对问题的思索，希望能对大家有些许帮助，哪怕只是一点点，我心足矣！

2011年7月6日于北京

目　　录

十年感悟

工作中的体会和感悟

针对工作中遇到的实际问题

去如何解决

希望能为后来者引以为鉴

十年追忆

设计故事的片段回忆

尽管心路历程无法系统整理

而许多设计又让人不屑

过程却值得回味与反思

十年心得

一些自以为是的建筑设计作品
完成后的分析和心得
尽管大部分满意的作品没有实施
而大部分实施的项目又留有太多遗憾

十年设计

十年建筑设计历程与记录

承载着苦闷无奈和喜悦

特别是设计中遇到的良师益友

更值得珍惜

2001—北京顺义枯柳树回民营新村　北京富海国际港　北京锡华幼儿园

2002—河北大学博物馆　南京市政府驻京办事处　天津海泰绿色产业基地

北京华航科技有限公司　保定市国土资源交易市场　济南大学化学化工楼

2003—黑龙江省直老干部活动中心　北京金融街 F10（1）办公楼

北京工业大学软件学院　北京金长城包装材料有限公司

北京威尔机械制造有限公司　烟台莱山三园大厦

2004—新疆生产建设兵团机关综合楼　江苏大学京江学院教学综合楼

北京西马住宅小区二期

2005—北京金融街北丰 BCD 写字楼

2006—呼和浩特市国家税务局办公楼　东营市人民医院综合病房楼

北京市海淀文化艺术中心　烟台佳世客购物中心

2007—外交部新闻领事中心综合办公楼　河南安阳金博门世纪城写字楼

济南彩石山庄销售中心　辽宁兴城海星温泉度假村　山西省图书馆

济南阳光舜城二区 B 地块　上海长甲保健品有限公司科技研发中心

2008—潍坊市白浪绿岛地下商城　北京大红门银泰购物中心

西安延长石油勘探开发研究楼　珠海歌剧院　中弘北京像素 1 号地

2009—烟台金贸中心暨祥隆大厦　四川省什邡市红白镇政府办公楼

三亚市游客到访中心　哈西住宅小区规划

2010—北京升旗宾馆　天津保利玫瑰湾 B 地块

北京模式口商业街　西安国家民用航天产业园基地

2011—西安临潼湿地公园 A、B 地块餐饮娱乐建筑

十年感悟

寄语建筑系应届毕业生

不被淘汰

对于大多数建筑师来说，这个职业像医生一样是一个老年人的职业。除了少数极具天赋的青年建筑师外，大多数建筑师都需要多年的磨炼才能像医生一样真正胜任这份工作，并且随着年龄的增长、阅历的丰富、经验的积累，能越来越熟练地驾驭这门技术。

我曾经给更年轻的建筑师举过一个例子：

与我一同毕业分配到设计院的有五个新生，按照设计水平和多方面才华来排位，分成“甲”、“乙”、“丙”、“丁”、“戊”，我的水平是“丁”。

经过多年的磨炼，水平最高的“甲”被设计院提拔到领导阶层，并开始从事经营和管理的工作，放弃或大部分放弃设计工作。

“乙”由于在院内上升空间受阻或其他原因而转为自己开设事务所，过多的生产经营和设计管理工作难免影响自己喜爱的设计工作。

“丙”既没有在设计院内升迁的机会，又不愿尝试风险和收益更大的独立经营事务所的工作，或是其他原因，从而转向收入和社会地位较高的房地产行业，彻底脱离设计行业。

设计院内只剩下“丁”（我）和“戊”，此时，环顾四周，突然间发现自己成了这一批新生中设计项目最多的人。尽管在这些人中，自己的天赋不是最好、收入不是最多、地位不是最高，但是却成了工程经验最丰富的人。

回首历程，尽管也受过这样或那样的诱惑，但是最终选择了坚守设计一线的工作，持之以恒、永不放弃……必定不被淘汰。

计划先行

建筑设计是一个比较特殊的行业，不管是方案设计还是施工图设计，都不会像做数学题一样有一个过程清晰、结果明确的标准答案。设计成果是“没有最好，只有更好”。

由于交付业主设计图纸的最终时间是确定的，所以要在明确的时间段内完成设计内容并交付业主满意的成果，使得设计计划工作显得尤为重要。常年来，发现很多建筑师在设计过程中，往往都是前松后紧，经常在最后交图前通宵达旦地加班，最后成果不一定满意，身体却“每况愈下”，以至于非业内人士认为建筑设计就是一个加班很多、非常辛苦的行业。其实，这是一个非常不好的工作习惯。

年轻的建筑师入行后首先要学会制定工作计划，在工程主持人和专业负责人制定完项目进度计划后，应根据项目的进展情况和自己的实际能力，制定自己的相应的工作计划安排。有些人认为由于甲方不断变化的想法和要求造成设计的不断修改，致使工作计划往往完不成，索性走一步看一步。这是不可取的。

实际上，当业主提出修改时，工程进度计划应随之进行相应的调整，以满足设计工作的顺利进行，毕竟计划没有变化快，而且设计工作大部分是多人之间合作的工作，而不是“单兵作战”。当项目结束并进行工程总结时，一定要将最初的工作计划进行核对，如果完成了计划70% ~80%的内容，就算是计划成功了。否则就应该根据经验对下个工程项目的工作进度计划进行适当的调整。

一言以蔽之：成功的机会是留给有准备的人的。欲想成功，计划先行。

兴趣所致

之所以非常喜爱建筑设计这个工作，主要是因为我没有把这个工作作为简单的谋生手段，绝大部分是兴趣的原因。

现在的建筑设计师大部分从事单一的方案设计或者是施工图设计工作。尽管我不是最出色的方案设计师也不是最出色的施工图设计师，但我多年来一直坚持两项工作都要参与。我认为建筑方案设计与建筑施工图设计是完全不同的两种工作。

建筑方案设计工作的主要特点是“创作”，感性的成分很大，即在某些约定的条件下充分发挥建筑师的想象力、创造性，是一个从无到有的过程，伴随着工作会出现苦恼、喜悦等波动较大的心情变化，特别是当一个自己满意的方案完成后，得到别人，特别是同行的认可时，必然会“沾沾自喜”。

建筑施工图设计工作的主要特点是“实现”，理性的成分很大，即将业主确认的方案绘制成能够实施的施工图纸，是一个完善的过程，需要严谨、认真的工作作风，不仅需要考虑方案实施的很多细节性问题、各专业之间的协调问题，同时还要考虑建筑施工工序等现实的问题。当能够得到业主和施工单位认可的施工图完成并交付业主，随着工程的完成，成就感会油然而生。

由于两个工作特点完全不同，所以，我总认为自己从事的是两个行业。我感觉任何一个工作做的时间长了，特别是长年累月从事一项工作，必然会有一种厌倦麻木和审美疲劳的感觉，而我从事的却是性质完全不同的两个工作，例如做一年半载的方案设计后，稍感厌倦和工作过于机械，然后转到施工图设计上来，马上就会体会到新鲜感，然后精神饱满、充满激情地投入到新的工作中去。反之亦然。所以，多年来，自己对某一项工作感觉到“疲劳”和“厌倦”时，马上就转到另一项性质“完全不同”的工作中去，因而总是对工作充满激情和热爱，完全是兴趣所致。

态度转变

十年来，在与业主进行设计沟通中，我发现了一个有趣的变化，那就是业主对我说话时的“语气”。

十年前，业主对我很不信任，感觉他们总是在指导我进行方案设计，自己就像业主的一支笔而已，不管怎样苦口婆心地劝说他们，想把自己的所学奉献给他们，但都无济于事，都要按照业主的不成熟意图进行设计和不断修改，结果走了很多的弯路，碰了很多壁。

随着时间的推移，这种情况在悄悄地发生变化，那就是越来越多的业主由开始信任，到比较信任，以至于现在的非常信任，甚至是依赖，有的最后成为了朋友。每当业主提出一个不现实的想法时，我总能找到以前类似的碰壁的例子，跟他解释，就会看到对方恍然大悟的表情和满意的眼神。

仔细分析其中原因，自己也茅塞顿开。原来经过多年时间的磨炼，自己的设计阅历和实施的项目不断增加，同时与业主的沟通能力也得到提升，业主自然而然地也敢把问题交给自己来解决了。

有朋友问道：“每当你做新的项目，而以前有过类似的项目时，是否感觉到压力减小了？”我的回答是：“技术方面的压力减小了，而责任方面的压力却增加了，因为不能对别人的信任不负责任，认真和信用对于建筑师来说太重要了。”所以，只要能给业主提供可靠的技术支持，并进行顺畅的沟通交流，必然换来业主的态度转变。

个性保持

但凡建筑学专业毕业的建筑师,或多或少都有个性,甚至很多建筑师的个性很强。究其原因，就是因为建筑师在大学里都学过美术，都将自己归类为艺术性的人才，所以，毕业后都想通过自己的设计来展现自己的才华。但是，建筑的首要任务是功能性的使用，所有的美学应当建立在功能的基础之上。如果一个建筑外观形象精彩，而内部使用问题过多，那不是一个成功的设计（纪念性建筑除外）。

我曾经因为自己的设计得不到业主的认可而有一种“对牛弹琴”的感觉，因而屡屡受挫，总是埋怨碰不到知音。而后认真思索这个问题，建筑毕竟是业主出资兴建，设计师应当首先满足业主的需要，但是如果完全按照业主的意思照搬，那么，最终完成的设计将可能会让人不屑一顾。

针对这种普遍存在的状况，需要改变与业主沟通的策略，可采用“曲线救国”的方式达到保持个性的目的。首先在开始与业主沟通的时候，应该先认真听取业主的意见，发现业主的喜好，仔细分析问题，寻找解决问题的办法，然后通过设计来投其所好。对于业主不喜欢的方面，特别是想展现自己喜爱的构思理念和设计爆点，而业主又不关心的部分，尽量少谈。通过沟通赢得业主的信任后，再将自己的设计理念融入进去，必将取得既能满足业主心意，又能展现自己设计爆点的成果。

许多学习成绩优秀、酷爱设计的青年建筑师走上工作岗位后，由于受到各种各样的打击和挫折，最终将个性磨平，对待设计只是敷衍了事，失去了设计工作的主动性，这是可怕的，也是现在失败的建筑比比皆是的主要原因之一。

转变与业主沟通的策略，暗暗保持自己的设计个性，那么，成功的建筑设计一定会得到实施的。

价值实现

由于做的设计项目多了，因而与不少业主成了朋友。有一位同龄的业主朋友与我交流多次，他非常希望我能进入他们的房地产开发公司与他一起共建大业。

记得有一次他跟我交流："我今年的利润有五千多万元，两年后，我的目标是三个亿。人都应该有自己的人生目标，我觉得你也应该有自己的人生目标。在设计单位一年累死累活的，又没有多少收入，不如出来搞开发吧。"

听完后，我也坦诚地跟他讲："我的人生目标已经实现了，如果说还有人生目标的话，那就是维持现状，或者说做更多的设计项目，迎接更多技术上的挑战。"

朋友惊讶而又感慨："现在这个社会像你这样的人太少了，难得的是知足者常乐呀。"

我解释道："不完全是。我也喜欢金钱，但是金钱对于你我来说，它的概念是不同的。金钱对于你来讲已经不是简单为生活所用，通过它的数量的增加，你可以赢得别人的尊重，你的能力能够得到别人的认可，通过财富的积累实现你的社会价值，然后再反馈社会。而金钱对于我来讲，只是简单为日常生活所用和衡量我的技术高低的标尺，不代表任何其他的意义，我是通过技术支持和服务来赢得业主的尊重，使自己的能力得到认可，从而实现同样的社会价值，获得同样的社会地位，达到同样的人生目标。只不过你我采用的方式不同而已。"

朋友听完后不住地点头认可，自嘲地说："现在通过赚钱来实现人生目标的人太多了，实际上更难呀。"

每个人都希望得到别人的认可和社会的承认，只要合理合法，不管通过什么方式，只要努力拼搏，终将得到价值实现。

莫常跳槽

建筑设计是一个人员流动性比较大的行业，加上建筑师大都具有极强的个性，因而更换工作单位的现象在设计行业屡见不鲜。

对于那些个人发展遇到瓶颈而选择跳槽的设计师，我举双手赞成，因为原公司的氛围阻碍了设计师业务的进一步发展，只有新的工作环境才能为更好地促进自己能力的锻炼提供条件。而对于那些因为一些鸡毛蒜皮的小事儿就频繁跳槽的设计师，只能劝告：任何一个地方都不可能百分之百地使自己满意，应该学会自己适应环境，而不是让环境适应自己。

我曾经看到一个同龄建筑师的应聘简历。他做过的项目上百个，而工作过的单位却有十几个，甚至有很多大牌的设计公司，平均每年要换一到两个设计单位，最长的也不过一年。了解常识的人都知道，一个设计项目从开始到结束，短的也要将近一年的时间，而大部分复杂的设计都需要两到三年的时间才能完成并达到施工的要求。如果只是将图纸绘制完成，而没有得到施工过程的反馈信息，业务根本不可能有很大的提高，所以这份简历的可信度不会很高的。我们公司的领导说：“这种人水平再高，也不敢用，谁知道项目进行到一半的时候，他会不会走人呢。”

公司的骨干设计力量都有自己不同的技术特点，年轻建筑师应该多观察他们的工作风格，对于好的地方，多吸取，对不好的地方，应引以为鉴。这同样需要时间的检验，短时间内是看不出一个人的优劣长短的。因而频繁跳槽对于设计师的个人发展是极为不利的。

上述个人观点，不一定能得到大家的认同，但希望能对建筑系的青年学子有所帮助。在走向成功的道路上少走弯路，也是我记录这些日常工作中思索的问题的初衷。

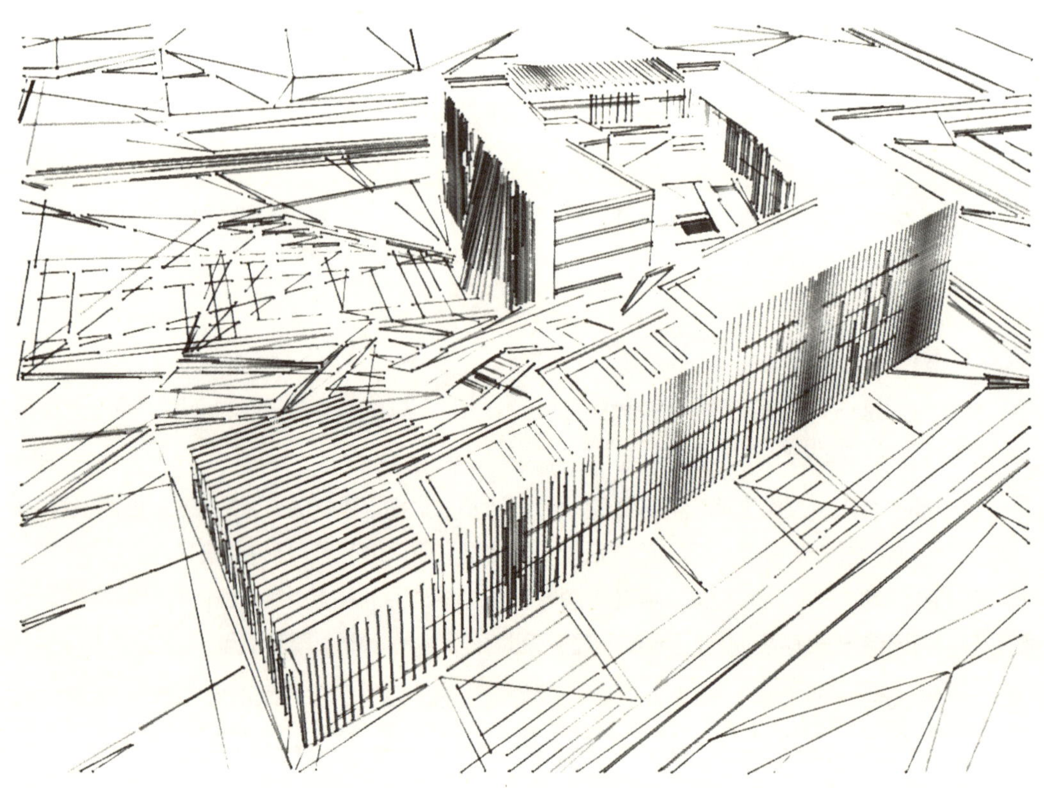

我的“标志性”建筑

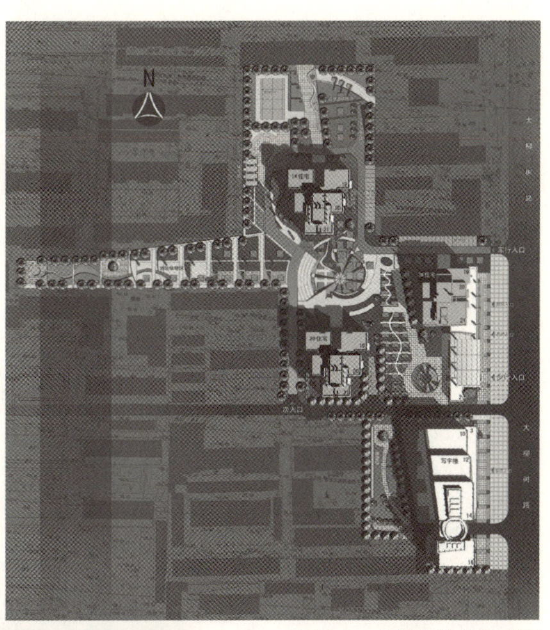

图 1-1　中标方案总平面图

北京富海国际港是我的“标志性”建筑，不是因为它的出色设计，而是因为这个项目使我的整个设计观发生了重大的转折性、标志性的变化，并开始寻找真正树立自信心的方法，而非盲目自大。

2001 年 3 月研究生毕业后，由于出色的实习成绩，免试进入了中国建筑设计研究院工作。4 月份，由于设计所里的同事忙于其他项目，所长安排我主持富海国际港的方案设计投标（16 万平方米综合体），如此大的项目交给一个刚毕业的学生兵，可见所里对这个项目的“重视程度”，而我对一切利害均不知晓，初生牛犊不怕虎，经过一个多月的紧张的设计工作，竟然最后在四家重量级设计单位的 PK 中脱颖而出，一举中标（图 1-1~图 1-3）。随之而来的是同事的赞誉和领导的嘉奖以及自己的盲目自信和迷失方向。

图 1-2　中标方案鸟瞰图

中标后，甲方要求根据领导的意见进行方案调整，对两

图 1-3　中标方案局部透视图

图 1-4　写字楼部分方案过程图

栋住宅楼基本满意，但是对两栋写字楼（沿街的一栋住宅后来改为写字楼）的形式不认可。设计所内部动用中坚力量，甚至聘请了其他设计所的名校高材生进行了十几轮的写字楼方案设计（图 1-4），业主均不满意，准备对写字楼部分进行重新公开招标。后来，所长要求我再做最后一轮冲刺，否则就放弃写字楼施工图的设计。在这种情况下，为证明自己，赌博式地一个人不分昼夜地设计、制图，甚至为节省投标成本，效果图和动画全由自己一个人制作完成（图 1-5~图 1-7）。当向业主汇报完新的设计方案和理念后，董事长当场宣布"不要再找其他设计单位了，我看这个方案就很不错"时，所长露出满意的笑容，我也如释重负。一次次的顺利使自己的"个人英雄主义"极度膨胀。

方案获得认可后，工作进入初步设计阶段。业主的项目总经理是一位毕业于金融证券专业的博士，毫不具备建筑设计专业知识，他对方案的修改完全是片面地从建筑面积着手，一味考虑单元面积的造价和回报，而忽略了整个建筑的空间效果，我曾多次提醒他，通过少量地增加公共面积和共享空间来提升整个建筑的品质，会使单元建筑面积的销售价格得到提升，从而使建筑总价得到提高。经过多次拉锯式的讨论，我还是屈服于甲方的决定，毕竟甲方的意愿是不可更改的。此时的我在方案得到认可的时候，由于孤芳自赏而忽略了建筑师地位很低的中国国情，自己的一腔热情被甲方的"无知"泼了一盆冰水，情绪极度低落，开始产生逆反心理，只想尽快把这个项目应付完成，根本不管好坏。

图 1-5　最终方案鸟瞰图

图 1-6　最终方案多点透视图

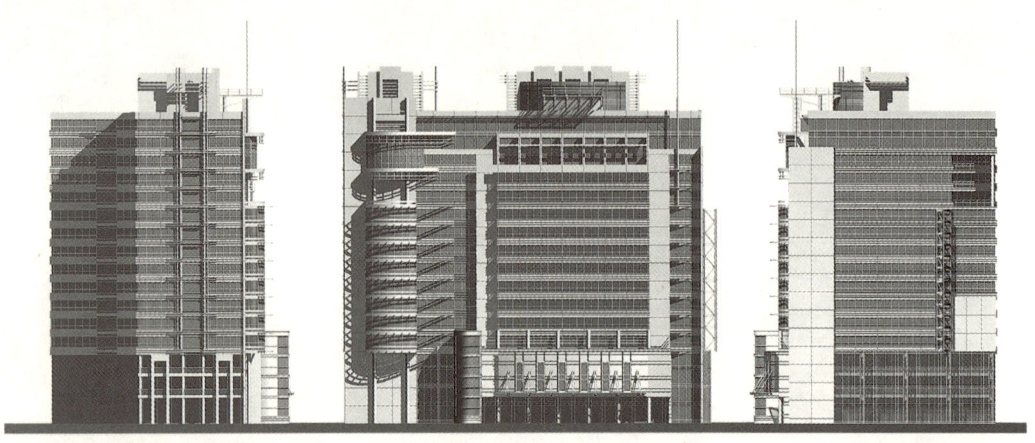

图 1-7　最终方案立面图

进入施工图设计阶段，这位项目经理又不断提出令人啼笑皆非的外行性意见，例如为降低土建成本，将一部分产生虚实对比的实墙体强行改为带形条窗，后来即将竣工时，销售部做好了展示用的建筑模型，项目经理看到后觉得很像工业厂房，感到十分后悔，又找我希望能改回原样，他的要求被我拒绝，拒绝的理由是土建已经施工完毕，实际理由是我想尽快脱手（如果当时的我能够成熟一点，虚心一点，接受他的要求，也许这栋建筑就不会给现在的我留下太多的遗憾）。这个项目最后如期而未如我愿地完成，在当时房地产行情看好的情况下，它却并没有好的销售业绩，经过多年才销售完毕。每次路过富海国际港，抬头仰望时，心中滋味难以言表（图 1-8）。

在项目后期的施工图设计过程中，我强烈感受到甲方的制约，觉得专业设计师受非专业业主的束缚，有一种“英雄无用武之地”的感觉，情绪由持续高涨转为极端低落，并开始产生脱离设计行业的想法，认为中国的建筑师很可悲，不可能完全实施自己的设计理念。但是，后来，我冷静地分析这个项目的整个设计过程，发现自己的工作方式也同样存在很大的问题，因而自我检讨，调整工作方式和沟通方法，使得后来的设计工作有了较大的转变。

虽然这个项目没有自始至终地如愿完成，但它却给我个人很多值得总结的教训，也为我后来的工作带来丰富的经验。通过这个项目得出以下宝贵的经验：

首先是学会赢得尊重，在技术和人面前，应该将尊重人放在第一位，想赢得别人的尊重，要先学会尊重别人。尽管部分业主和开发商不具备非常专业的技术知识，但作为建筑师应该耐心地去向业主阐述自己的观点，特别是应该做到“不厌其烦”，不应简单地认为业主不懂设计而“以我为主”，更不可以将业主视为门外汉而在内心产生抵触情绪。尊重业主的工作态度一定会得到同样的回报。

其次是学会赢得认可，在最初与业主沟通的时候，应该仔细听取业主的观点，努力发现业主强调的项目关注点，针对业主提出的这些问题，思考和寻找用技术来解决的方法。特别是当业主对方案提出合理的意见时，应当虚心接受，使业主认为你确实用心、用功对待他的项目，以认真的工作态度赢得对方的认可。万不可简单照搬别的设计方案，使人产生敷衍了事、照本宣科的印象。

第三是学会赢得信任，虚心听取有经验的建筑师的意见和见解，增加自己的业务知识，丰富自己的工程阅历，并且要善于反省和发现自己的不足和缺陷，特别是要尽可能多地掌握其他相关专业（结构、设备）的知识，不断提高自己的综合业务能力，为业主提供有力、可靠、全面的技术支持。当业主感到你的知识面宽广，能为他预见到很多未来可能出现的问题和弊端时，必将赢得业主的信任。

建立自信，需要掌握上述三条并在实际工作中灵活运用。当在某个项目设计过程中发现业主开始对你认可、信任和尊重，说明你已经开始向成功迈进，并在建立自信的过程中积累了一笔财富，同时会伴随着一种轻松、愉快的心情去顺利完成工作。

正如潘石屹先生所说的“不要怕问题”，当问题和困难出现的时候，要学会思考问题和寻找解决问题的办法。北京富海国际

图 1-8　实景照片（由乔兵提供）

港之所以成为我个人的标志性建筑，正是因为这个项目不只是简单地增长了我的工程经验，更重要的是让我学会思考问题，学会反省和检讨自己工作方式存在的问题，正可谓“吃一堑，长一智”，为后来工作的顺利进行积累了丰富的经验。随着时间的磨砺，尽管在很多项目的设计工作中仍然存在着各种各样的问题，但是已经越来越少，特别是有些问题是过去曾经遇到的，解决的办法已经拥有，就会在出现问题的时候胸有成竹，随着问题的不断迎刃而解，真正的自信心必然竖立起来。

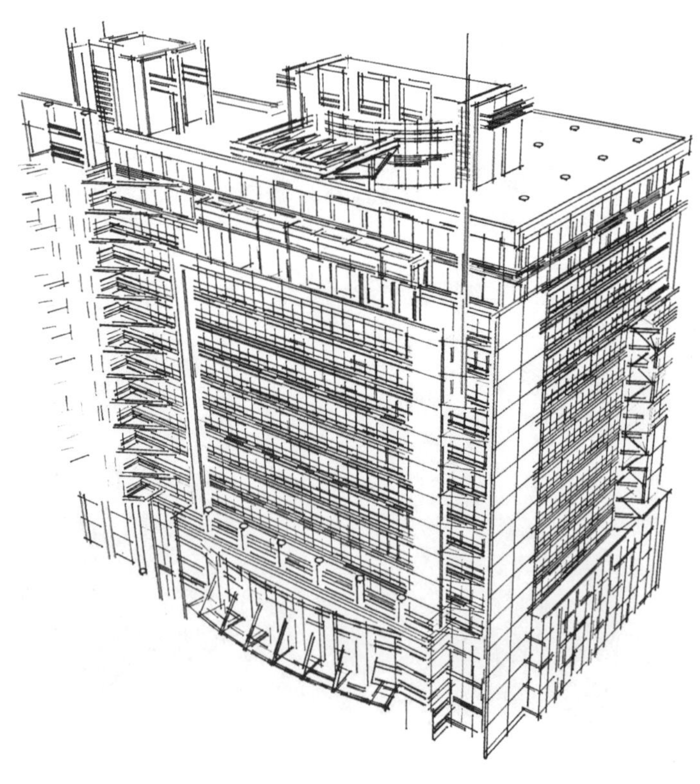

优秀设计员工

建筑设计行业与其他行业有所不同，是一个人际关系相对简单，人与人比较容易相处的行业。员工在公司内部以设计工作为主，平时一般都比较忙碌，无暇顾及其他，因而即使员工之间产生摩擦，也大多是因为工作中的配合没有形成默契，经过几次工程的磨合后基本就恢复平静了。

多年来，虽然时常感觉到工作强度很大，非常疲劳，但是由于与周围的同事都能很好地相处，所以工作时心情大多还是非常愉快的。一句话：快乐是自己寻找的，不是别人赋予的。如果希望在设计公司能以一种快乐、轻松的心情工作，并成为一名优秀的设计员工，应当注意几个方面的问题。根据多年观察，但凡能心情快乐地工作的设计员工，基本都能处理好以下几个方面的关系：

工　作

设计工作是设计员工在公司的主要内容，设计工作的好坏是主要的评价标准之一，它包括技术水平和工作态度两个方面。对于任何年龄段的设计人员来说，如果希望赢得公司领导和同事的认可，技术水平的不断提高和工作态度的认真严谨，都是必不可少的。

青年设计师需要快速地成长，在公司应该向所有（包括非本专业）有经验的老员工学习，同时，由于大部分设计单位不同于学校，没有人来布置应该学习的内容，因而青年设计师应该养成自学的习惯，根据老员工的建议，自己制订学习计划和目标，只有这样才能迅速地成长。被动式地积累经验必然会延缓进步的速度，“书到用时方恨少，事非经过不知难”。

中年设计师由于具有一定工作经验，因而只要在工作中身先士卒，起到带头作用，大多能获得认可和重用。切忌“倚老卖老”，躺在过去的成绩单上对现在的事情“指点江山”，否则很快会被有志和自律的青年建筑师超过，“逆水行舟，不进则退”。

老年设计师如能将自己的经验和技术毫无保留地传授给年轻的设计师，做到扶上马、送一程，必定赢得大家的拥护和尊敬。同时，还应多听取年轻设计师的想法，给年轻设计师提供更多的发展机会和发挥空间，毕竟伴随着社会的高速发展，新鲜事物层出不穷，不接受新鲜事物，必定被社会淘汰，而如果与年轻设计师经常沟通和交流，则会“时尚常伴，青春永驻”。

集　体

确定选择某一设计公司后，作为员工应该坚定地尽快融入到这个集体中去，将自己视为集体的一分子。设计员工一定要有集体的荣誉感，而且应当积极参与公司组织的集体活动，在活动中与同事可以进行良好的沟通，从而对将来工程设计工作的磨合有所帮助。“远离”朝夕相处的同事以及“事不关己，高高挂起”的想法，会使自己在公司边缘化，从而影响自己在公司内部的发展，任何单打独斗的力量都是很脆弱的。

设计公司良好的工作氛围是靠每个员工的努力形成的，在一个气氛融洽的公司舒心地工作也是每个员工所向往的，集体凝聚力强的设计公司，自然会成为员工的第二个家。公司曾经有一位女孩子，工作上任劳任怨，当自己的工作完成后，默默地帮助其他员工完善图纸，甚至看到别人忙得不可开交时，主动帮助做打印、整理图纸等难度不大却很琐碎的工作，她也因此赢得了大家的赞赏和美誉。同样，在她遇到困难时，同事们也争先恐后地出手相助。公司形成这样的氛围后，大家自然会更加去珍惜相互之间的友谊与合作关系，这是相辅相成的。

团　结

建筑工程设计是一项知识面广、需要团队合作精神的工作，团结是工程项目设计顺利进行的重要保障。

有些员工发现别人的图纸有问题后也不愿提出，既有顾及面子也有幸灾乐祸的狭隘思想，这是不可取的，如果能持有对事不对人的态度指正错误，更能获得同事的认可。有些员工过于注重自己的图纸质量，将大量的设计时间留给自己，从而延误为其他专业员工提供条件图纸的时间，致使其他员工没有足够的认真设计的时间，这势必造成矛盾和冲突，“一花独放不是春，万紫千红春满园”，只有心底无私才能团结更多的同事，才能使整个项目的所有专业都取得业主满意的成果。这需要每个员工都拥有一个包容的心胸和豁达的心态。

作为龙头专业的建筑设计师，特别是项目工程主持人更应当具备团结其他专业设计师的能力，否则设计团队不能形成凝聚力，项目进展会因为大家的散沙状态而受到影响。我觉得，一个项目开开心心地去做和别别扭扭地去做，其目的都是要交给甲方一个最终的成果，既然目的相同，为何不能寻求一种好的过程。在一个心情轻松愉快的过程中完成任务，不但每个员工都能享受到工作的快乐，同时也能获得业主对设计团队的认可和满意。

薪　水

建筑设计是一个薪水相对比较高的行业，究其原因有以下几点：一是因为国家正处在发展建设过程中，这个行业在现阶段比较缺乏人才；二是行业特点造成设计人员的工作比较辛苦；三是行业流动性比较大，设计单位为留住人才，稳定发展，必然相对提高优秀设计人员的薪水。由于设计行业的特殊性，所以设计员工的薪水一般都是“背靠背”的，作为一名设计员工，如何看待自己的薪水，将会直接影响到在设计公司内部和业务水平上的发展。

我曾经在某个设计单位遇到过这种情况，发工资的时候，很多员工在互相沟通，我却默默离开大家的讨论环境，不想参与大家的薪水交流意见。原因是假如一个和我同龄、同资历、同样工作量的同事与我的薪水不一样，问题必然显现出来。同事的薪水比我多，如果我不去领导那里反映，心里会因感到不公平而很不舒服，如果找领导反映，势必拿同事来作比较，反而会造成领导对同事的看法而影响同事的发展。假如同事因为薪水比我少而去找领导询问，公司领导肯定会对我产生疑问。所以，对于公司内部来说，我只要求自己知道自己的收入即可，对于别人的薪水采取不闻不问的态度。但是，我主张设计人员应当与其他设计单位的同学或原来的同事沟通，毕竟自己的技术作为一种商品应当有它合理的市场价值。

薪水高低只能代表自己某一个阶段的表现，不能代表永远。客观评价自己的工作价值和薪水，是一个优秀设计员工必备的素质。随着业务水平的提高，必然会实现由“自己找薪水”到“薪水找自己”的转变。

上述几个方面如果能处理得好，就会成为一名优秀的设计员工，相信不管是公司领导还是同事，都会愿意与之相处的，因而对个人未来的发展和业务水平的提高都会有所帮助。

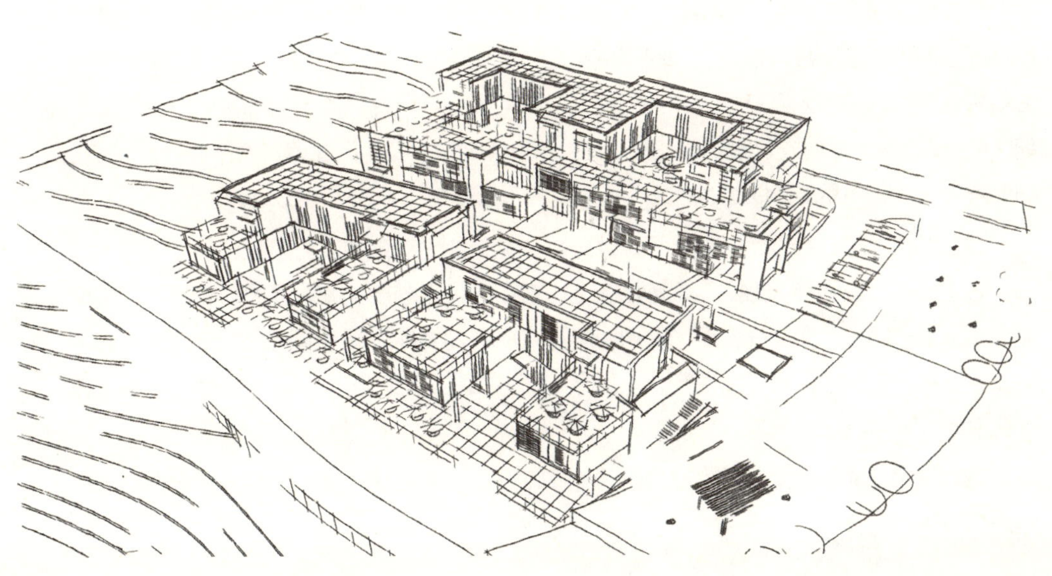

合格的工程设计主持人

工程设计主持人是建筑工程项目设计的第一责任人，其工作内容包括分配工程设计内部任务，安排工程设计进度计划，协调各专业之间的配合，保证按期完成任务，并对工程设计质量全面负责。工程主持人与专业负责人的角色有着本质的区别，需经多年实际工程项目设计的磨炼才能修成正果。

多年来，看到很多设计师虽然担任工程主持人这个重要的角色，但是由于某些方面条件的欠缺，因而造成工作过程中的吃力。我有幸跟随多个工程设计经验丰富的“师傅”参与了项目设计，尽管自己现在还不算合格的工程主持人，但从多位出色工程主持人那里了解到了成为一名“合格工程主持人”所必须具备的条件。

首先，工程主持人要对本专业的业务知识熟练掌握，不管什么样的能人，不管具有多高的天赋，不经过工程的洗礼，不经过时间的磨砺，都不可能熟练掌握本专业设计的程序和内容，因而担任一般设计人员、主要设计人员、专业负责人角色的过程是不可逾越的。

目前，有许多年轻人过于着急，在不熟悉本专业知识的前提下，却想承担工程主持人的角色，殊不知巨大的权力背后承担着巨大的责任。“没有金刚钻，万不可揽瓷器活”。如果由于自身能力不够造成严重的工程设计事故，带来的不仅仅是对单位业绩和名誉的影响，个人的发展也会受到巨大的影响。学习本专业知识是一个脚踏实地、循序渐进的过程，着急不得，否则就会欲速则不达，因而熟练掌握本专业知识是成为“合格工程主持人”的先决条件。

其次，工程主持人应对其他相关（结构、给水排水、暖通、动力、电气、电信）专业知识有所掌握和了解。只有熟悉相关专业的知识，了解相关专业设计周期，才能协调各专业之间的配合，使整个工程设计顺利进行和保质完成。

大部分工程主持人是由建筑专业的设计人担当的。有些主持人过于强调本专业的重要性或不了解其他相关专业的知识和特点，简单认为设计工作应该以建筑专业为中心进行，使得工程设计配合困难重重，甚至造成工程竣工使用后，其他专业使用功能下降，反过来影响建筑使用的效果；而有些主持人则过于强调其他相关专业的重要性，对建筑自身的功能使用造成不便和缺乏美感。因而熟悉相关专业知识，掌握各专业之间互利的“度”则显得尤为重要，这种把握“度”的能力同样需要多年工作经验的磨炼，也是“合格工程主持人”不可或缺的条件。

第三是科学地、合理地制定工程设计进度计划的能力，这种能力是基于前面两种能力之上的，如果没有上述两种能力，也不可能制定出合理的工作进度计划。掌握本专业和其他相关专业的知识，了解每一类工程图纸的复杂程度和完成所需要的时间，同时根据参与项目的设计人员业务熟练程度，对设计周期设定分段目标，制定相应周密的工作计划，才能保证整个工程各专业设计的顺利进行。

特别是对于大型的复杂的工程项目，由于设计团队的人员众多，技术水平参差不齐，各专业协调工作在设计中所占比例较大，加上业主在设计过程中经常提出新的要求，如果没有合理的工作计划安排，就会头绪繁多，剪不断，理还乱。为保障各专业之间设计工作的良好衔接，使项目在规定的时间内保质保量地顺利完成，能制定出科学合理的工程设计进度计划成为了“合格工程主持人”必备的条件。

第四是关于承担工程责任的问题，因为工程主持人拥有对项目设计工作最大的权力，所以也应该承担相应的责任。由于建筑工程设计涵盖的知识面广泛，各类设计规范和标准做法名目繁多，任何一个建筑设计师都不可能也不敢说自己样样精通，因而在设计过程中，由于知识能力不够或工作疏忽等原因，难免会有工作失误的地方。“人非圣贤，孰能无过”，当工程出现问题的时候，工程主持人首先不能退缩，更不应该将责任推卸给其他设计人员。有些工程主持人遇到问题的时候，害怕影响自己在公司的发展空间和工资收入，瞻前顾后，特别是觉得有损形象和面子的时候，尽量将问题的责任推卸出去，这种做法是不可取的。

其实，一个遇到问题能勇于承担责任的工程主持人，更能取得上层领导的信任和珍惜，因为他能为领导分忧解难而成为麾下主力，对于下层设计人员而言，会更加依赖和拥护他，因为他俨然成为了设计人员依托的靠山。特别是当年轻的设计师由于经验问题带来工作失误时，如果工程主持人能挺身而出承担责任，那么，不但没有失去什么，反而赢得了人心。

从事多年一线设计工作以来，发现凡是能够勇于承担责任的工程主持人，最终会赢得大家的赞赏、拥护甚至追随，必然“得道多助”、“赢得民心”，凡是遇到工程事故和问题的时候，欲将责任推卸得一干二净的工程主持人，最后的结果是“失道寡助”、“众叛亲离”，因而拥有勇于承担责任的品质是一个“合格工程主持人”应当具备的条件。

第五是具备良好的沟通能力，既不应该对业主唯命是从，也不应以专业能力强自居，只有与业主进行良好的沟通，获取业主的认可，才能将项目顺利地进行。对于业主不专业的要求，应提出合理化的建议，避免设计团队的重复劳动和多余的无用功，同时，本着对项目和业主认真负责的态度进行设计工作，必定会赢得业主的赞许。

具备良好的沟通能力和语言表达能力，一方面可以维护设计公司的利益，相应减少设计团队的工作量，另一方面又可以保障项目的设计质量和进度，满足业主的意愿，为公司赢得长期客户，因而这种能力也是“合格工程主持人”的必备条件。

此外，除了上述几个条件外，合格的工程主持人还应当拥有虚怀若谷的包容能力。特别是主持大型项目的时候，设计团队里的工作人员在三四十人以上，每个人的业务水平、工作特点各不相同，任何一个人的工作态度都会对整个项目的进度造成影响，如果内心没有包容能力，不能进行良好的协调，项目很难圆满地完成。

从上述条件可以看出，一个合格的工程主持人所具备的综合能力是需要时间和经历来磨炼的，而对于像我的许多“师傅”那样的优秀的工程主持人来说，用“宝剑锋从磨砺出，梅花香自苦寒来”作为其写照，一点也不为过。

我看设计公司老板的魅力

由于接触的设计公司领导比较多，因而看到不同性格的老板形成了不同的管理风格，有的公司经营得生龙活虎，有的公司则步履艰难。作为设计员工，应当选择适合自己发展的公司领导，才能对自己的成长有所帮助。因为自己一直从事单纯的设计工作，没有参与过复杂的生产经营和人员管理工作，所以只能从一个员工的角度片面地观察老板的行为和处事。

阐述之前先来一段自己经常思考的故事。

四大名著中的《三国演义》精彩地对三位老板进行了详细的刻画和描述，即曹操、刘备、孙权。三位老板都由于管理有方而名留青史，然而三位老板的经营策略和管理模式却各不相同。现分述如下：

曹操的一句“宁让我负天下人，不让天下人负我”，展现出一代枭雄的魅力。曹操的政治、军事、文学才华毋庸置疑，而跟随这样的“官二代”老板，个人发展有很大的上升空间，但是“伴君如伴虎”使得员工必须三思而后行，否则随时都可能前功尽弃，甚至“人头落地”。杨修、蔡瑁、张允等就是前车之鉴。

孙权的管理方向则全部围绕着继承的产业和家族的荣誉，是典型的“富二代”老板。所有员工只要认真负责，都有发展的机会，但是首要前提是保证孙家的资产不能有任何损失，甚至员工的生命都要附属于孙氏的江山，“周瑜打黄盖”和“赤壁之战”即是最好的“用员工生命维护家族企业”的经典实例。

刘备是我最佩服的老板，尽管他文不能治国，武不能安邦，但是他却文有卧龙、凤雏，武有关、张、赵、马、黄这些三国中顶尖的人才。刘备的状况更像大部分设计公司的老板，既不具备曹操的朝廷关系，又不具备孙权的家族产业，除了人才外，一无所有，是草根型老板的杰出代表人物。他就是依靠这些优秀员工，从一个织鞋匠成为一国之君，不能不佩服他对人才的管理才能。深入分析其原因，发现他将员工的利益放在第一位，“长坂坡摔孩子”、“白帝城托孤”等使得员工不得不肝脑涂地。“将心比心”贯穿他的整个发展史，以至于离世后，员工们仍然为他的理想鞠躬尽瘁、死而后已。

读完三国，深有感悟，优秀员工当做忠心耿耿、文武双全的赵子龙，魅力老板当做仁义忠厚、宽以待人的刘玄德。因而老板是否具有魅力，具有什么样的魅力将直接导致公司的生产经营状况和工作氛围。

老板作为公司的决策者，欲想得到员工的支持和拥护，必须拥有与众不同的人格魅力，在用人上必须做到“用人不疑，疑人不用”。将重要的项目交给某一人才，就应该深信不疑，才能给他以自信，即使工作中出现失误，也应采取包容的态度，只有这样，才能换来人才的真心。曾经遇到一位老板，尽管口口声声将项目的重任交给某一项目经理，但由于考虑可能发生这样或那样的后果而事必躬亲，致使项目经理不能完全施展身手，责权不清，使得项目出现问题。然后是相互推卸责任，事态发展对其他项目经理也产生负面影响，久而久之，大家彼此互不信任，得过且过。弥补相互信任中已经出现的裂缝是异常困难的。

信用是优秀老板必须具备的魅力，兑现诺言是员工对老板的基本要求，包括薪水、深造、职位等所有的承诺。某一老板尽管“爱说大话”，常常对员工展望未来，描绘前景，但是从来不向员工个人轻易许诺，许诺必兑现，甚至提供比许下的诺言更大的回报，因而深受员工认可，此类老板要比不能兑现诺言的老板强百倍。老板不可轻易发表涉及员工个人的观点，因为说者无意，听者有心，一点点的期望都可能在员工心里留下深刻的印象。

仁义忠厚、宽以待人的老板必然善待自己的员工。举个不太恰当的例子：设计公司的老板对待自己的员工应像每个人对待自己的电脑一样，平时应该细心呵护，常常整理、杀毒、清理以维护电脑的正常工作，而且不希望别人触摸自己的电脑。如果不关心，不爱护，关键时刻跟不上工作的节奏，必定手足无措。同样道理，老板对待公司员工也应该多多关心，不应只限于工作方面，对于个人生活、情感、发展等方面的关心，往往能使员工感觉到自己在公司的重要性。所以，外表光鲜、魅力无限的老板，其实背后必然有比别人更多的付出和劳动。

重情义的老板一般对老员工都比较信任和重用，毕竟老员工为公司做了多年的贡献，老板不会作出“过河拆桥”的不义之举。但是，聪明的老板万不可对有才华和责任心的新员工排座次，否则，老的倚老卖老，新的欲进无路。曾经的一位极富才华的同事从一个单位离开，进入了另一个设计公司，对原公司是一个重大的损失，原公司的大老板找他谈话，说他的薪水比其直接领导（老员工）还要高，为何还要离开，他阐述了自己的观点：一是他的工作量大和为单位创造的价值高，赢得了应该得到的薪水，所以尽管高一点，也是理所当然的；二是因为薪水是“背靠背”的，所以其他员工并不知道薪水高低，只能以公司职位评判员工的水平和业绩的高低，这是他不愿看到的；三是公司善待老员工是没错的，但是过于依赖那些站在历史上说话而不求上进的老员工，必然会打击有能力、有理想的新员工的发展，所以他看不到发展和提高，自然会寻求新的变化。“千军易得，一将难求”，公司的体制和老板的疏忽造成人才的流失，可惜！

由于设计公司的员工大部分是科班出身的大学毕业生，因而设计公司是典型的知识分子密集型企业。人才的培养更是需要多年的时间，难免人才会有与众不同的个性，所以设计公司的老板工作大多非常不易，特别是经营管理有方、拥有个人魅力的老板，更是付出比常人更多的辛苦和汗水。不同的老板拥有不同的工作风格，而老板拥有什么样的工作风格，整个公司就具备什么样的工作风格。因而设计人员在选择自己发展方向的同时，选择自己的老板也是应当考虑的重要因素。

上述观点仅仅是我从设计员工的角度进行的思考，难免有些片面。但愿所有老板遇到问题时，能积极反省自己的决策是否得当而不是简单地指责员工工作失误，也愿所有遇到问题的老板能使问题迎刃而解，步入辉煌。

建筑综合体设计阶段及方法之我见

建筑综合体是指将写字楼、公寓、酒店、住宅、商场、餐饮、休闲娱乐、影剧院、会展等两三项或更多功能融到一栋建筑中去，其设计的复杂程度远远大于功能单一的建筑。

目前国家建设在稳定的发展过程中，全国各地有越来越多的建筑综合体设计抛给建筑师，而且经常是业主要求的时间非常短。面对复杂的建筑综合体设计，建筑师如何应对，如何在短时间内为业主提供有效的技术支持，将是建筑师不能回避的现实问题，建筑综合体的设计方法显得尤为重要。

就这些问题，根据做过的一些建筑综合体对设计阶段和方法进行分析，以供大家参考。

1. 概念设计阶段

业主准备投资建设一个综合体，由于各种各样的原因，在很多情况下只给建筑师提供一个大概的项目情况和建设意向，比如商业开发是做百货还是做 mall，酒店开发是做豪华型还是做经济型，高层建筑需要做多少公寓、做多少办公……而没有提供一个详尽的项目设计任务书（成熟的开发商或业主除外），很多建筑师都有过这样的经历，因而建筑师往往抱怨设计时间少，并将项目进行的难度归咎于业主，甚至磨合很久才能走上设计的正轨，既浪费了时间又彼此产生了矛盾。

当前很多业主缺乏专业技术团队，因而不能提供一个详细的项目发展计划，建筑师有义务帮助业主开拓思路并提供项目的发展方向，预见将来可能产生的问题（这与大学里学习的设计课程有着本质的区别，因为大学的设计课程往往都有完善的设计任务书），如果建筑师能够根据业主的意向拟订一份项目设计任务书供业主参考，既能为业主减轻负担、得到业主的认可，又可以很快进入设计状态、减少设计磨合周期、增进甲乙双方的沟通交流，因而能很快赢得业主的信任。

进入概念设计阶段，应该尽快熟悉用地状况（周边环境、气候条件、当地生活习惯、市政管网状况等），通过分析得出总体概念构思。很多建筑师的设计图册只是将现状分析的过程程式化，而且将脑子中的固有建筑形式甚至从国外杂志上看来的自己喜爱的建筑立面，带入设计中去，忽视了设计的内涵。

认真分析项目用地现状至关重要，通过对用地状况的分析而得到的答案往往是最佳的，如果将方案设计成非常符合用地和周边环境的形式，必然会产生建筑的惟一性和独特性。当设计方案换了用地将无法成立，或被别人复制将会不伦不类，使它成为业主自己独自拥有的建筑形式时，业主必然会认可和满意概念设计的成果。

2. 方案设计阶段

概念设计得到业主认可后，进入方案设计阶段。很多设计师（包括其他专业的设计师）认为方案设计是建筑师的专业，应该由建筑师独立完成，其实不然。

方案设计在开始阶段应该与结构、设备专业设计师进行沟通，特别是建筑综合体的设计。如果不能及时进行沟通，一旦方案被业主最终确认，在其他设计师介入后，必定会发现很多问题，如结构选型不成立、设备机房面积过小或缺失、建筑层高问题考虑不周等，此时再对方案作出较大调整，必然会使业主产生不信任感，同时也耽误了后续的设计时间和进度，给业主的开发计划造成影响。

在与业主的沟通中经常会遇到这种情况，即业主会多次强调一定要降低土建造价，特别是主体建筑的钢筋含量，甚至会聘请其他设计研究单位对结构设计不断优化，以达到主体结构钢筋用量的最小值。我觉得这是对结构专业的不公平对待。实际上，建筑师在方案设计时，如果能提前考虑到将来实施过程中的情况，然后合理地进行结构选型，从方案设计中避免大面积异形空间带来的施工困难和造价提高，必然会降低土建成本。比如 8 米× 8 米的柱跨必然比 12 米× 12 米的柱跨节省土建造价（除非甲方有特殊室内空间要求），同时也能增加有效建筑内部空间的净高。所以，节省土建造价从方案设计阶段就应开始推敲。

如果其他专业的设计师尽早介入方案设计，提出良好的建议，后续工作就会非常顺畅。首次开发的业主也许体会不到，有过开发经验的业主则会与以前的设计师进行比较，必然会发现你的方案设计的高效性和可实施性，因而更满意与你的合作，从而留住了老客户。

在方案设计过程中，一定要考虑符合国家和地方实行的建筑法律法规，有些方案只注重概念，天马行空，致使方案认可后由于不符合规范而发生颠覆性的修改，从而降低业主对自己的信任程度。只有一种情况可以不用其他专业的设计师过早介入，即主创建筑师熟悉本专业的法律法规和其他专业的业务知识，并拥有丰富的工程经验，可提早预见将来工程设计中可能发生的问题。

3. 初步设计阶段

初步设计是介于方案设计和施工图设计之间的一个过渡阶段。对于较为简单的建筑设计，如对于住宅以及小型、功能单一的建筑单体而言，此阶段可以省略而直接进入施工图设计阶段，对于大型和功能复杂的建筑综合体来说，此阶段至关重要。

初步设计的主要目的是完善方案设计，研究结构体系的可行性，确定设备容量大小以及探讨各专业系统综合布线的可能性，特别是综合体由多个业主分别使用并单独计量费用时，各专业在此阶段更应明晰将来使用的独立性，从而作为指导施工图设计的依据。根据初步设计的目的和最终需要交付的成果，可以将此阶段分为三个时段：

第一个时段：建筑专业向各专业提供方案设计条件图纸以及相应的现状资料。根据条件图，结构专业粗算后确定柱子及剪力墙位置，设备专业估算机房大小并确定所在位置。此时段目的是使各专业了解和熟悉建筑概况和设计范围。

第二个时段：建筑专业向各专业提供依据反馈条件修改后的图纸。根据条件图，各专业进行计算并绘制本专业图纸，发现问题后随时与建筑专业沟通，如柱子大小、剪力墙厚度、设备机房大小的调整以及设备吊装路由等问题的确定，并及时将修改意见反映到建筑图纸上。此时段是各专业详细计算并制图的过程。

第三个时段：建筑专业将各专业变化的内容综合修改后，提交条件图作为其他专业的底图。各专业在此基础条件图上完善自己的图纸内容，并进行微调。此时段的目的是各专业完成业主及报批要求的成果，并为施工图设计阶段的开始做好基础准备。

初步设计阶段在复杂建筑的设计中非常重要，有些设计师忽视此过程，将使大量问题遗留给施工图设计阶段，这势必会影响施工图设计的质量和进度。各专业设计师应充分利用这个阶段，进行认真的沟通和交流，为施工图设计阶段打下坚实的基础。

4. 施工图设计阶段

施工图设计阶段是绘制规范、详尽的说明和图纸成果，以指导土建施工和设备安装，并最终实现方案构思和理念的过程，也是整个工程设计的最终阶段。依据上述要求可将此阶段分为三个时段：

第一时段：建筑专业向各专业提供初步设计的最终成果，业主根据投资概算提出补充、变化和要求的内容。各专业复核初步设计的计算成果和图纸内容，并进行专业确认；通过各专业的配合提出修改调整的意见，并进行认真详细的（结构、设备、消防、节能等）计算。此时段的目标是为全面开始绘制施工图做好最后准备，避免因为条件不足而引起施工图设计的颠覆性修改。

第二时段：建筑专业根据各专业反馈的设计资料，完善施工图设计，并向各专业提供设计条件图纸；各专业进行全面的施工图设计，并将设计过程中发现的问题及时通知建筑专业，由建筑专业协调其他工种进行必要的修改。此时段为施工图设计的主要阶段，其目的是绘制所有主要图纸内容，并对各专业内容进行综合考虑，避免将来施工错误的发生，为将来施工的顺利进行提供可靠的技术保障。

第三时段：根据不同工程的具体需要，各专业绘制需要放大、细化的部分详图内容以指导施工。同时，还要在此阶段进行各类设备管线综合工作，对于复杂项目的复杂和难点部分，进行各专业管线综合平面图、剖面图的绘制，避免施工过程中由于管线交叉冲突而无法安装的工程事故。同时，将设计说明完善，保障图纸内容严格符合法律法规的要求。

对于更为复杂的项目设计来说，可将第二时段分为两个，形成四个设计时段，更有利于控制施工图设计的质量和进度。施工图设计负有巨大的工程责任，因而在施工图设计结束后，图纸必须通过初审、复审的过程，方可交付业主，并在工程主持人的带领下，由各专业负责人对施工单位进行详细的交底工作。

5. 施工配合阶段

施工配合是在建筑施工过程中，设计人员与施工单位进行配合，保证项目顺利完成。项目建设过程中，最有技术含量的是设计和施工两个阶段，甚至我觉得施工的技术含量有时高于设计。只有经常去工地观察和询问、交流，才能更好地反过来促进施工图设计水平的提高，很多设计师忽略了此阶段的重要性。

好的施工图的标准是图纸交付施工单位后，在施工过程中，很少被施工单位询问图纸上的问题。但是好的施工图纸并不一定代表设计师的业务水平很高。例如甲和乙做的是难度相当的图纸设计，完成后均没有收到施工单位的疑问，说明两者的图纸深度均已经过关，但是甲的图纸只绘制了 60 张，乙的图纸却绘制了 80 张，这只能说明甲比乙的施工图设计水平高。很多设计人员将施工图绘制得非常细腻，其实图纸深度并非越细越好，因为施工单位有自己的施工工艺，图纸过于细腻，没有考虑工艺和工序的问题，反而使得工人在施工和安装的时候无从下手，必然找人来商讨解决。图纸深度过浅则会使工人无法施工，必然询问。

图纸绘制得过细或过粗都会直接影响到施工进度，因而施工图设计的深度需要有一个“度”，如想很好地把握这个“度”，做到惜墨如金，一方面是需要经过多项工程设计的锻炼，更重要的是多去工地观察建筑的施工过程，并向有经验的老工人学习，了解建筑工人的施工工艺和施工程序，从而反过来指导设计，提高施工图设计的水平。“纸上得来终觉浅，绝知此事要躬行”。

6. 工程回访阶段

项目竣工验收后，应在其使用一两年后进行工程回访。针对使用者提出的问题进行详细的记录，对于工程实用的地方，在未来的设计中应继续采纳和沿用，对于工程使用过程中显现的不足之处，在未来的设计中避免或采用可行的方法来解决，防止类似问题的发生。

工程回访阶段对于指导建筑师优化概念与方案设计以及提高设计师的施工图设计水平有很大帮助。

上述建筑综合体设计阶段和方法仅为一家之言，设计师可根据自己的习惯和经验，在设计过程中选择和调整适合自己的进度和方法，但最终目的是保证业主的满意和工程的顺利进行。

工作感悟出发点狭义

期盼仁者智者之拍砖

十年追忆

中标≠最好
——山西省图书馆
珠海歌剧院

“中标”本应该是对方案设计的最高奖赏，但是随着我的年龄的增长和经历的增多，中标后已经远不如从业初期阶段那样兴奋。特别是经历过多次以第一名的成绩入围，而又被业主通知未能中标的事实，更是将能否中标看得不那么重要了。

从业的建筑师大多碰到过这样的经历，即投标方案被业内专家组评为第一名，然后与前三名一起送交主管领导审批，或是因为不合领导口味，或是因为台面下的不明原因，而最终未能如愿，并被告知中标方案不一定是最好的，应该是最适合的（有时是最适合领导意图的）。因而在一些重要的投标项目中，反而往往看不到国内有才华、有思想的青年建筑师的身影，可能大家都习以为常了。下面就两个至今仍“顾影自怜”的建筑方案，对其设计历程的片段记忆进行分析，重在设计过程而非设计结果（设计理念详见“十年心得”之：书山有路勤为径、山水谣）。

山西省图书馆：是由国内和国外多家顶级知名设计公司参与的竞标，我们的方案入围三甲并进入第二轮竞标。设计获得项目评委和专家的一致认可和好评，同时，作为建筑的使用方，山西省图书馆的领导和员工给予方案很高的评价，甚至自发地为我们的方案起了“书山”的名字，并希望按照原方案实施，真实感受到了使用方的喜爱。特别是业主委派一位建筑学专业出身的博士向我们提出修改性的意见和方向，当看到博士对方案的善意评论和建议时，我们真的有点受宠若惊了。激情源于欣赏，在认可面前，一切疲劳、辛苦都烟消云散。

历时两个多月的方案设计过程，在一种紧张而又放松的状态下度过。然而最后的评标却历时近半年的时间。最终，由于图书馆投资建设方的意见不统一以及不明原因导致未能中标。

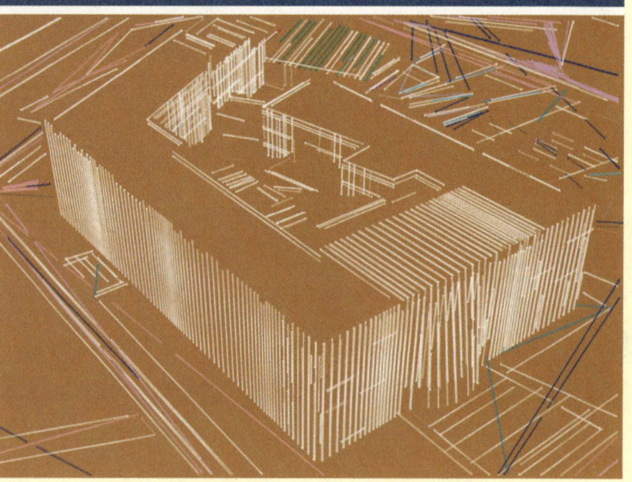

图 2-1　设计理念赋予图书馆外立面以“竹简”的形象

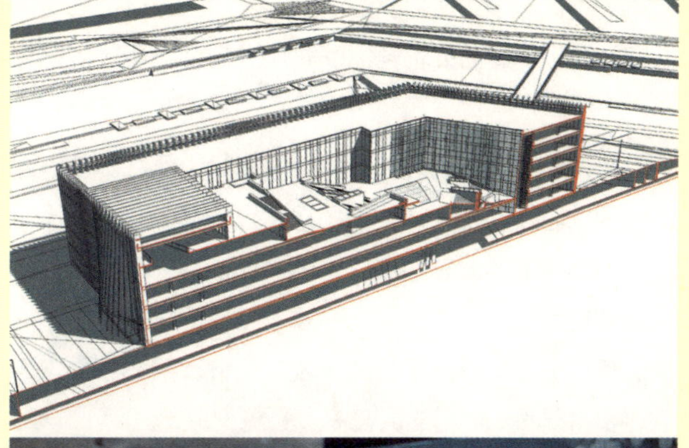

图 2-2 内部跌落的庭院空间形成“书山有路勤为径”的氛围

方案在考虑周围环境和设计理念上做了大量功课，使建筑从属于文化岛主轴线上的大剧院，个性鲜明而不张扬，同时将知识的理念融入建筑设计中去，外有“竹简”的形象（图 2-1），内有“书山有路勤为径”的朴实风格（图 2-2）。方案设计的关键点在于土建造价的节省，在国家经济并不宽裕的状况下，能够开源节流，用最少的投资来体现设计的理念和建筑的特点对于方案设计来说，显得尤为重要。方案设计赢得众人的认可和满意而又未能最终实施，至今仍然是设计团队心中的极大遗憾。

以下是参赛单位的名单：

01. 北京中联环建文建筑设计有限公司（入围）

02. 上海市建筑设计研究院（入围）

03. 中联程泰宁建筑设计研究院（入围）

04. 中国建筑设计研究院

05. 北京市建筑设计研究院

06. 清华大学建筑设计研究院

07. 北京维斯平（WSP）建筑设计咨询有限公司

08. 株式会社安井建筑设计事务所

珠海歌剧院：这是一个不愿提起，而在《建筑十年》中又不得不说的设计竞标过程。因为三十多个国外和国内顶级的、大部分建筑师耳熟能详的知名设计公司以及国外和国内的著名建筑大师，为了一个区区四万平方米的建筑，展开了长达四个月的群雄逐鹿般的争夺，场面之宏大，令我终生难忘。

公司总经理刘光亚先生委派我带队，并抽调部门内部大多数方案设计精英，欲与大师“掰手腕”。设计过程中，团队内部充满着创作激情，空前团结，令我深受感动的是所有设计人员全都不遗余力、争先恐后地去设计和制图。两个月后，在愉快而又疲惫的过程中完成了设计。

在第一轮竞标中，作为北京惟一一家独立的设计公司入围前九名，并赢得第二轮竞标的资格，值得骄傲！尽管第二轮竞标以失败而告终，但是某些片段的回忆犹如碑刻，在我的脑海里永远挥之不去。

片段一：第一轮设计完成后，我率领团队提前一天将成果带往珠海，并于第二天一早赶赴投标现场。然而，预料的事情终于发生了。原本共有 35 家设计公司参与竞标，但是有两家公司因为迟到了 5 分钟而被业主聘请的招标代理公司拒之门外，看到主创设计师欲哭无泪的表情以及他们团队设计人员的红眼圈，心中没有因为少了两个竞争对手而感到一丝的高兴，因为我很清楚他们两个月的辛勤工作因为 5 分钟的迟到而付诸东流，甚至连图册的封面都没有来得及给评委看一眼，他们的沮丧令人心痛。

我们作为入围公司与其他八家公司参加第二轮的竞标，又经过两个月的拼搏。同样的情况发生了，却带来截然不同的结果。一家投标公司迟到近 20 分钟，但是由于这家设计公司与招标代理公司都来自中国同一个城市，因而招标公司向其他公司请求接纳，原因是：建筑模型卡在电梯里了（设计图册很小，但是也没有于截止时间前送到）。如此不能一视同仁的决定，必然引起众人的浮想联翩，从其他设计师的眼神里已经看到怒不敢言和对世态炎凉的感悟的流露。所幸这家公司并没有在最后的竞赛中胜出，否则真的贻笑大方了。

片段二：招标任务书多个篇章中提到建筑设计要遵循和谐、自然、生态、节能、环保的要求。我们多次认真地阅读设计任务书，仔细地审题，三次登上项目所在地（珠海野狸岛）进行调研，并在设计中始终贯穿这一主线，为之创作和完善（图 2-3）。但是，最终的评选结果却是以形象工程和标志性建筑作为评价的标准，和谐、生态、环保的理念被抛到九霄云外。也许政绩和形象的实现远远比造福子孙后代的工作更加重要。既然任务书的要求不是最后的评判标准，又何必冠冕堂皇地在设计条件中一而再、再而三地明确和强调，信用何在？

环顾周围的建筑模型，我们的设计也许不是最好的，但绝对是最符合任务书要求的方案。假如 A 方案造价低廉，节能环保，生态和谐，B 方案造价高昂，形象高大，标志性强，如果不是国家投资，试问：投资方会选择哪个方案？

图 2-3　建筑与自然的和谐成为设计的首要关注点

片段三：这次方案的投标中，我们对设计单位参与竞赛的资格产生了疑问。在第一轮被淘汰的国内某大型设计公司，在第二轮竞标中又以联合体（与第一轮入围的某家公司组合）的形式再次出现，使人不得不思考此次投标的严肃性和可信度。倘若有如此的能力将规则视同儿戏，又何必召集大家来陪太子读书，也许踩在众人肩膀上获得的荣誉，更能彰显出设计水平超常。

当看到这一切发生，我已经做好充分的“自娱自乐”的思想准备，而困难的是如何抚平自己团队中年轻建筑师的创伤和对他们的鼓励。

片段四：某内幕、某某内幕、某某某内幕，由于没有证据而不能见诸书端。有些结果却与道听途说的内幕有着惊人的相似。但愿这些内幕不是事实，衷心祝愿所有公平竞争者能有公平的回报。

片段五：失败本身并没有什么可怕的。建筑师的遗憾和无奈的次数永远多于开心和快乐的次数，但是正因为如此，开心和快乐一次在建筑师心中所持续的时间会更长久一些。这是职业特点所决定的，就如跳高运动员一样，即使是冠军获得者，最后也是以在无法逾越的横杆面前失败而告终。正视失败，对一切发生的离奇事情就会泰然处之。

这些片段的回忆有些令人失望，但并没让我悲观，相反更加激起了对这份事业的追求，因为“道不同，不相为谋”。我坚信“认真工作必定赢得有识之士的欣赏”这条颠簸不破的真理。

下面是第一轮竞标的参赛公司（括号内为该公司设计的代表作品），有些公司的名字记忆也许有误，还望见谅！

01. 华南理工大学建筑设计研究院（世博会中国馆）

02. 中国美术学院风景建筑研究院

03. 广东中人工程设计有限公司

04. 美国 UV Architecture,LLC

05. 华东建筑设计研究院有限公司（CCTV 新楼）

06. 北京中联环建文建筑设计有限公司

07. 深圳市陈世民建筑师事务所有限公司

08. 北京大学中国城市设计研究中心、香港中营都市与建筑设计中心

09. 法国欧博建筑与城规划设计公司、深圳市博艺建筑工程设计有限公司

（上述公司为第一轮竞标的入围者，名次不分前后。）

10. 珠海市建筑设计院

11. 同济大学建筑设计研究院

12. 广州珠江外资建筑设计院

13. 深圳华森建筑与工程设计顾问有限公司

14. 中国建筑设计研究院（鸟巢）

15. 总装备部设计研究院

16. 北京市建筑设计研究院（北京 T3 航站楼）

17. 武汉市建筑设计研究院

18. 美国 CVJ 设计公司

19. 美国联必德设计公司

20. 北京中华建设计研究院有限公司

21. 美国某公司

22. 加拿大 KFS 国际建筑师事务所

23. 法国 C&P(喜邦)建筑设计公司

24. 法国 AS 建筑工作室

25. 法国保罗·安德鲁设计公司（国家大剧院）

26. 美国 UDA 设计公司

27. 德国 GMP 国际建筑设计有限公司

28. 德国 HPP 国际建筑规划设计有限公司与中国西北设计研究院

29. 德国德杰盟设计公司

30. 澳大利亚 PTW 建筑设计有限公司（水立方）

31. 澳大利亚 KSA 建筑设计有限公司

32. 澳大利亚科豪建筑设计集团

33. 瑞士 RADO 设计公司

第二轮竞标后，于 2009 年 1 月 13 日接到发布的《珠海歌剧院项目建筑方案设计国际招标情况公示》，现摘抄如下：

第一名：美国 UV Architecture,LLC 和北京市建筑设计院联合体 62.62 分

第二名：北京大学中国城市设计研究中心、

香港中营都市与建筑设计中心和北京建筑设计研究院深圳院联合体 51.69 分

第三名：中国美术学院风景建筑研究院和杭州建筑设计院联合 49.69 分

第四名：深圳市陈世民建筑师事务所有限公司 49.50 分

第五名：华南理工大学建筑设计研究院 46.58 分

第六名：深圳市博艺建筑工程设计有限公司和法国欧博建筑和城市规划设计公司 43.46

第七名：北京中联环建文建筑设计有限公司 43.39 分

第八名：华东建筑设计研究院有限公司 41.39 分

第九名：广东中人工程设计有限公司 40.73 分

据说后来又有新的故事，由于没有继续参与，也就不关心了。

方格网快速设计法（注册建筑师应试作图之利器）
——北京锡华幼儿园
上海长甲保健品有限公司科技研发中心
西安国家民用航天产业园基地

方格网方案快速设计方法，是建筑师经常运用的一种设计手法，特别是在时间紧、工作量大的情况下，不论是注册建筑师作图考试，还是实际工程设计，方格网快速设计都是一种“以不变应万变”的设计方法。同时，对于分期开发的建设项目，方格网设计能有效控制未来发展的方向，因而建筑师应该掌握这种快速有效的方法。

我在注册建筑师作图考试时，就是合理运用了这种方法而一次过关。快题设计考试时，看到许多建筑师为节省时间，看完一遍题目就立即动手作图，其实这种方法是不对的。“磨刀不误砍柴工”，当试卷发下来后，首先应当认真审题。第一遍审题应当了解设计题目所考内容和方向，分析考试的得分点；第二遍审题应根据建筑的功能要求进行流线分析、主次入口位置确定以及总图消防要求分析等；第三遍审题应根据主要功能性房间确定方格网尺寸，例如大量房间为 30、60、90、120、150 平方米的房间，柱网可以确定为 8 米 ×8 米的方格网形式。三遍认真审题后，基本能做到成竹在胸，然后进行快速的细部刻画设计，最后的成果与考点不会有太大的偏差。当然，方格网快速设计只是“如虎添翼”的方法，如果不是“虎”，只有“翼”也是无济于事的。

荷兰建筑师凡・艾克设计的阿姆斯特丹的“儿童之家”灵活地采用了方格网设计法，整个建筑由 3.3 米 ×3.3 米模数的小房间组成，活动室则为三倍模数 10 米 ×10 米。总体布局灵活，虚实相映，房间之间的庭院形式自由，同时为建筑的扩建留有余地。维斯平事务所设计的“石家庄太阳城”方案，将方格网设计法运用到了极致。在业主要求的有限时间内，将户型量化后进行标准设计，通过在方格网上的方向变化和空间位移，形成多变、丰富的空间形象，通过方格网设计法将复杂问题简单化，异常精彩，而且极大地提高了工作效率。下面是我曾经参与的三个运用方格网方法设计的项目，分述如下：

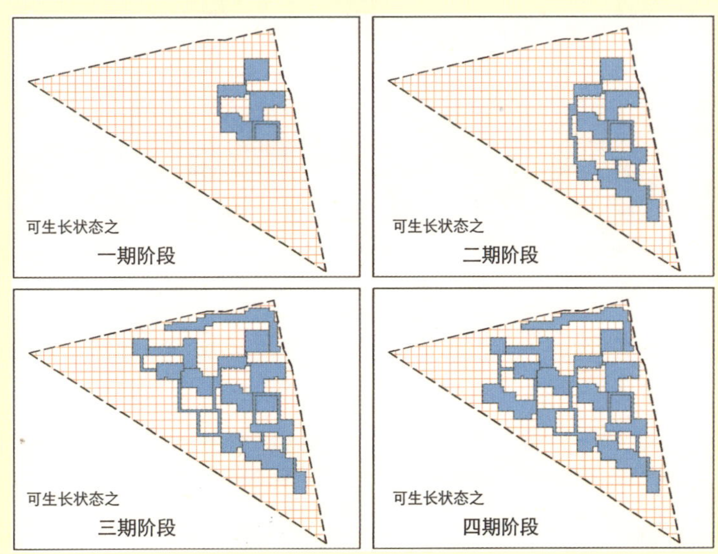

图 2-4　9 米 ×9 米方格网确定建筑分期实施的过程

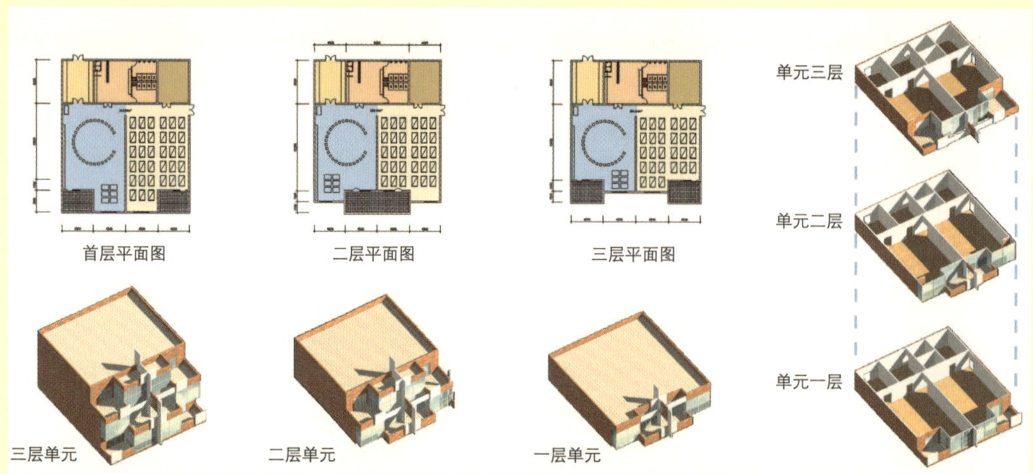

图 2-5　基本单元组合形成层层退台形式

北京锡华幼儿园：项目为 36 班幼儿园，是当时北京市最大的幼儿园。建筑平面在 9 米 ×9 米的方格网上横向发展，体现项目发展的生长性和可持续性（图 2-4）。

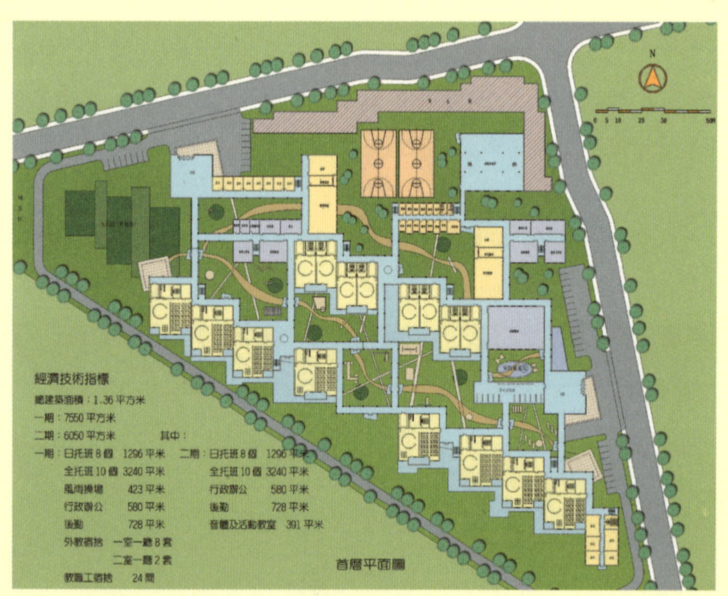

图 2-6　幼儿园全部完成后的首层平面图

将多元文化廊、办公、商业及后勤附属设施沿街布置，将儿童的基本生活单元与繁华的街道相隔离。在平面配置上，把幼儿活动室、寝室等主要房间布置在南向，通过分层单元及层层退台，争取充足的阳光，且丰富了建筑的细部空间环境（图 2-5）。风雨操场、音体室和科学官等公共资源空间置于建筑群体的中心位置，使其与各班的辐射半径基本相同，将建构、美劳等与各班联系紧密的资源教室分散布置，方便各班的使用（图 2-6）。各庭院之间的绿化，既彼此独立又通过联系廊相互贯通，充分体现了室内外空间的穿透性，各类游戏设施及活动空间均以儿童的尺度设计，为儿童的健康成长提供了良好的生活环境（图 2-7）。

建筑外立面力求简洁、现代，并赋予儿童建筑的活泼的特点，通过丰富多变的设计手法以及空间的流动，体现儿童活泼喜动的天性。建筑立面的主要用材为浅棕红色面砖，充分体现了该区域高层次的人文环境，辅以白色塑钢窗，颜色对比明确，并具备文化建筑特色，使其成为经济开发区的重要文化景观之一（图 2-8、图 2-9）。

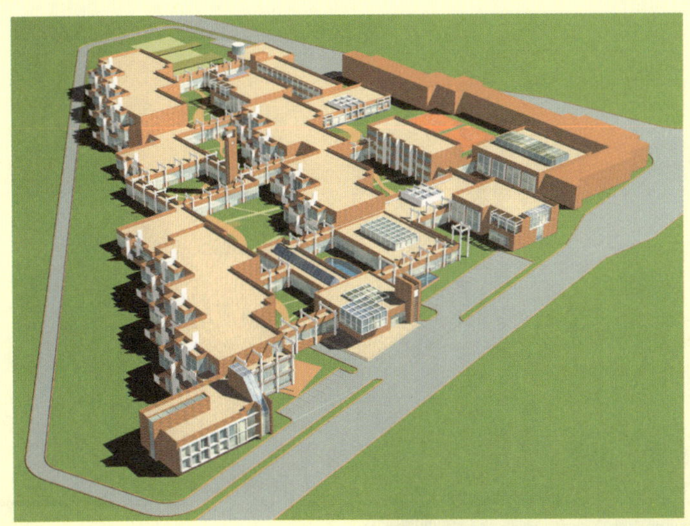

幼儿园一期建成60%，十年时间一晃而过，随着北京经济文化的发展，一期的使用面积已经严重不足，期待着二期的建设能延续最初方案设计对未来的预见性思想的实现。

图2-7　单元之间形成既相对独立又彼此联系的院落空间

图2-8　整体建筑风格体现人文的教育建筑特色

图2-9
实景照片（由王泉提供）

图 2-10　方案沿街立面效果

上海长甲保健品有限公司科技研发中心：建筑总体布局根据基地的特点，在 8.4 米 ×8.4 米的方格网上，布置七座独立小型办公楼，形成组团花园式企业办公楼群（图 2-10、图 2-11）。建筑底层局部架空，并通过连廊将七座建筑相互连接，使每栋楼既相互独立，又彼此联系，为将来的使用方提供了多变的选择（图 2-12）。

图 2-11　根据用地特点，8.4 米 ×8.4 米方格网上布置七栋独立单体建筑

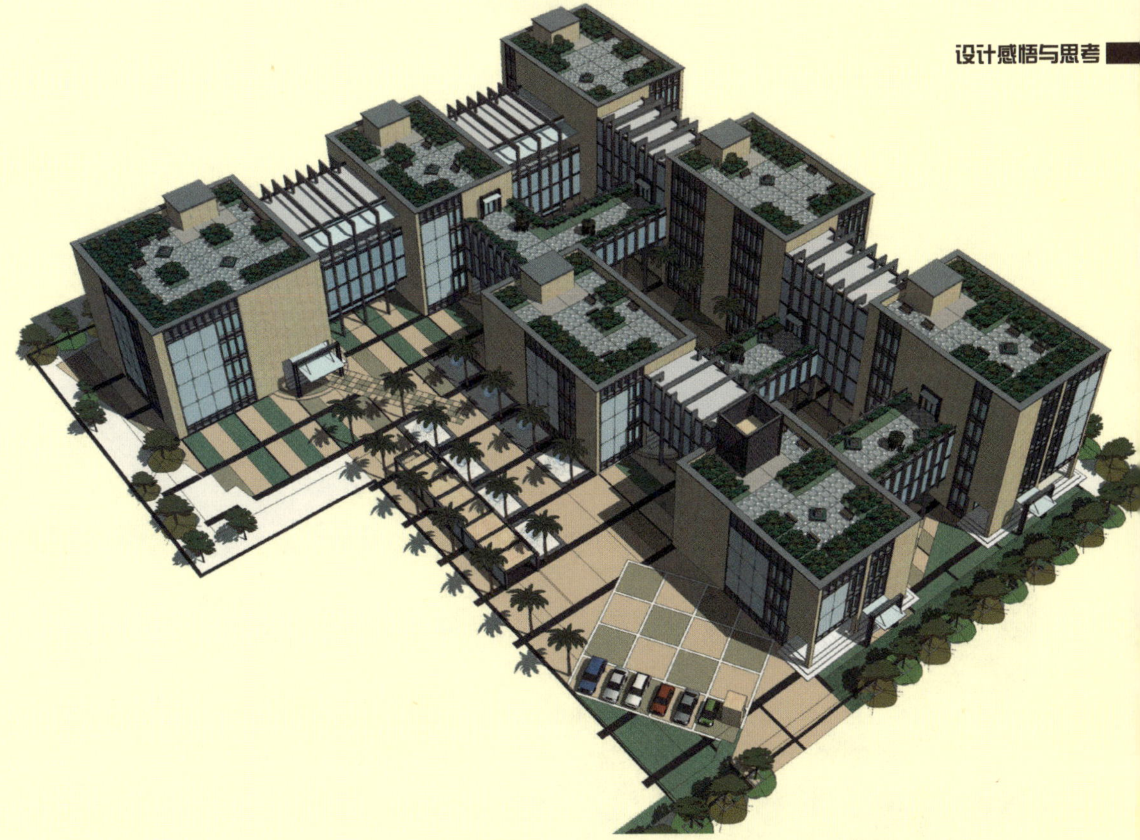

图 2-12　底层架空连廊有机联系各单体建筑

功能分区布置遵循简洁灵活的原则。办公的基本单元每层为 650 ∽ 920 平方米，每个单元总面积为 2350 ∽ 3920 平方米，各单元相对独立，考虑了特大型企业同时使用数个办公单元时联系的便利。每栋建筑有独立的垂直交通体系。办公单元内有完善的功能空间，包括办公空间、交流空间、盥洗空间、储藏空间等（图 2-13）。

图 2-13　首层及标准层平面图

图 2-14　充分利用架空与屋顶空间

功能上，除办公空间外，同时相应设置一些小面积的咖啡室、茶吧、冷餐室等休憩交流空间。屋顶设置花园绿化空间，为员工提供室外活动和交流场所，形成立体绿化景观，以达到生态节能的目的（图 2-14）。

方案采用简洁的几何形体，通过层数的变化形成韵律感极强的群落建筑，并在方格网上将蒙德里安的平面构图手法立体化。活泼的不对称设计和富于变化的造型配合丰富的室外空间，营造出舒适的办公环境。方案通过对石材、铝板、玻璃幕墙的运用，使研发中心的立面风格简洁明快、典雅大方。建筑外观为石材墙面配以局部的玻璃幕墙或铝板幕墙等，形成具有强烈时代感的建筑群体（图 2-15）。

图 2-15　虚实对比形成有序的办公形象

西安国家民用航天产业园基地：建筑总体呈“九宫格”的方格网布局形式，布局结构清晰合理，每一宫格的定位不同，周边八个宫格摆放着平面形式接近的建筑物，中心宫格设计成为中心景观庭院（图 2-16）。

北侧 3 个宫格内为 3 栋高层建筑，主要为中小型企业服务，其余 5 个宫格内为 6 层办公楼，为大型企业提供服务（图 2-17）。

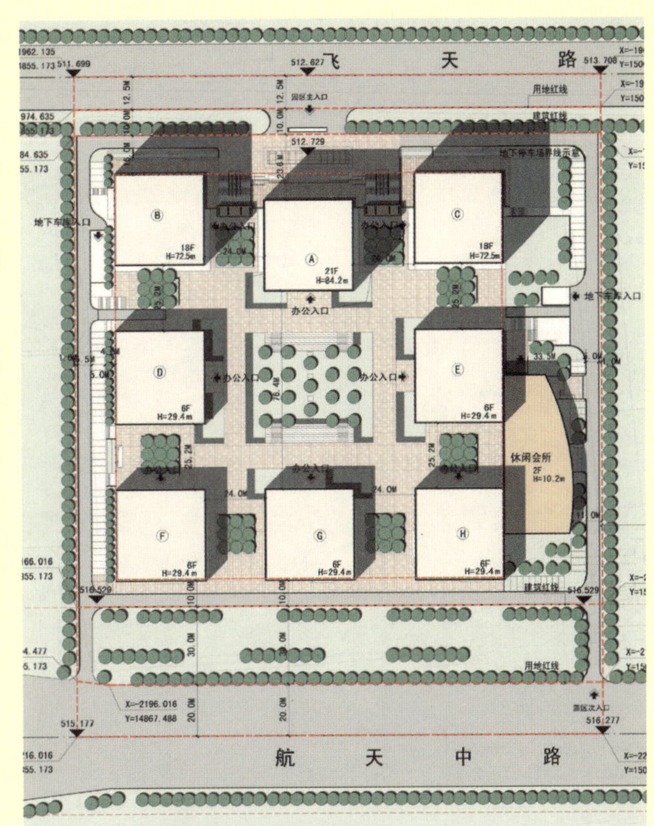

图 2-16 “九宫格”方格网布局形式

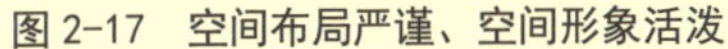

图 2-17 空间布局严谨、空间形象活泼

园区鸟瞰图

中心下沉庭院用自然绿化与外部环境隔离，景观大台阶设计起到交通疏散作用，而且可以供园区内的工作人员休息交流。同时，若干小型庭院将阳光引入地下一层的商业配套空间。通过多层次的绿化、小品设计，扩大内庭院的空间感，使中心下沉庭院成为本项目一个内向的视觉和景观焦点（图 2-18）。

建筑立面设计采用玻璃与石材幕墙的结合，通过虚实对比，使得建筑体量与构架交错穿插，相得益彰，从而塑造了简洁、明快、典雅的现代办公建筑风格（图 2-19）。

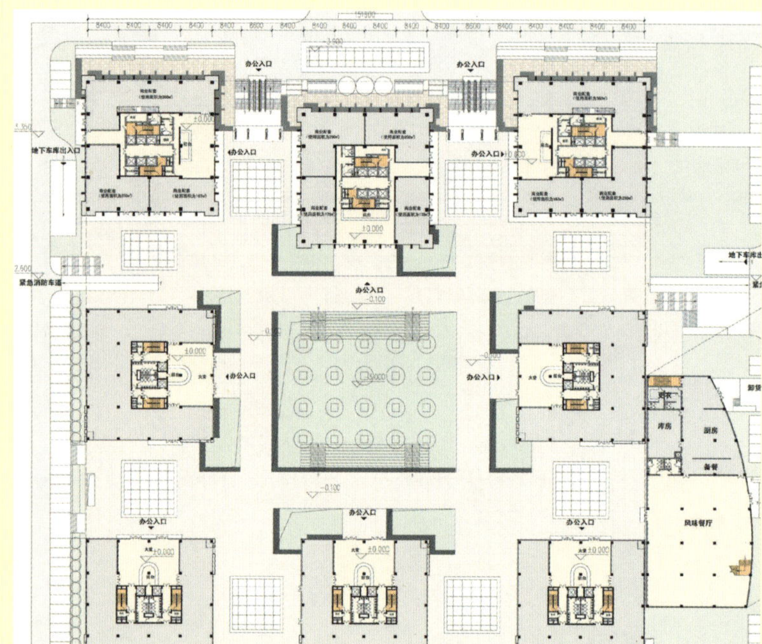

图 2-18　下沉庭院成为建筑群体的联系中心

图 2-19　多视点形象

“大师的误导”
——河北大学博物馆

河北大学博物馆的方案设计没有能够中标，是比较典型的失败案例（图 2-20）。分析其中原因，得失参半。

图 2-20　博物馆沿街形象

方案总体设计没有认真考虑和分析河北大学校区的整体风格和基地周边的现状环境，只将注意力放在建筑本身，过分追求建筑自身的功能和空间效果，忽略环境和建筑的结合因素，犯了“管中窥豹”的错误（图 2-21）。更重要的是，在方案设计过程中，将思想中固有的穿插建筑空间布局和杂志上看到的喜爱的建筑立面形式，安插到了基地中（图 2-22），

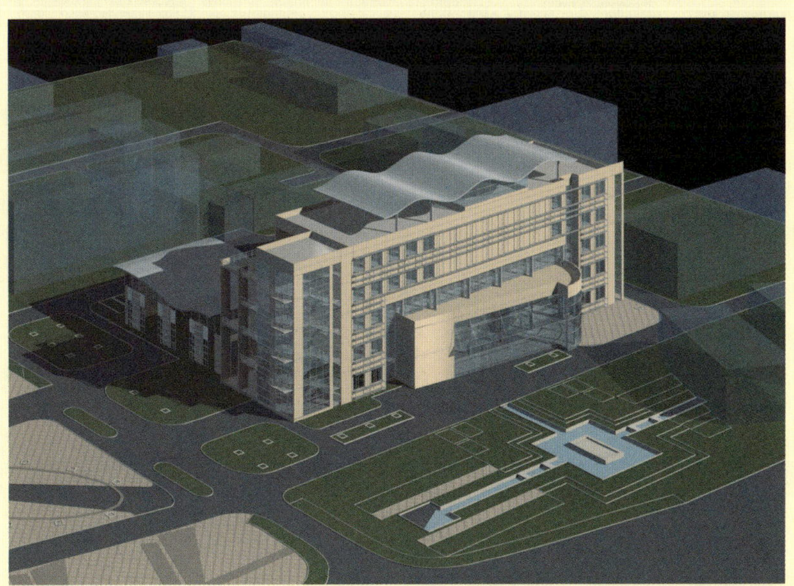

图 2-21　建筑风格应与周边环境融合而非格格不入

而不是以项目的历史发展为切入点，从基地现状着手分析，进行“有机生长”的方案设计。

此方案设计前，曾经听过建筑大师斯蒂文·霍尔的讲座，他曾经做过一个精彩的方案设计，但是被业主否定，他为此而感觉遗憾和纠结。后来遇到另外一个业主的条件类似的项目，大师将喜爱的原方案放大十倍交予业主，竟然获得认可并被实施，最后获得世界大奖。看来大师也有误导设计方法的时候，当然，具体情况具体分析，只看到大师设计的过程和成果，而没有看到大师设计时分析的更深层次的原因。

通过这个项目投标的失败经验得出：方案设计的程序犹如解答数学题的过程，首先要审题，针对业主提出的设计条件，分析用地和周边状况及历史发展，然后以此为设计依据，通过方案设计寻找解决问题的答案，否则就会犯下“答非所问”的致命错误。因为如果在设计开始阶段出现方向性的错误，不管设计过程如何认真和用功，也不管建筑方案本身设计得如何精彩，注定结果必将失败。建筑空间和建筑形象只是设计手段，而不能以此作为主要条件先入为主，否则将会本末倒置。很多建筑师在做方案时，先将一些时尚的、前卫的国内外建筑图书或者大师的作品集放在案头，从中挑出类似的、喜爱的方案进行移花接木，而不去分析这些优秀方案成功的前提条件和设计的原始理念，这种做法是万万不可取的。

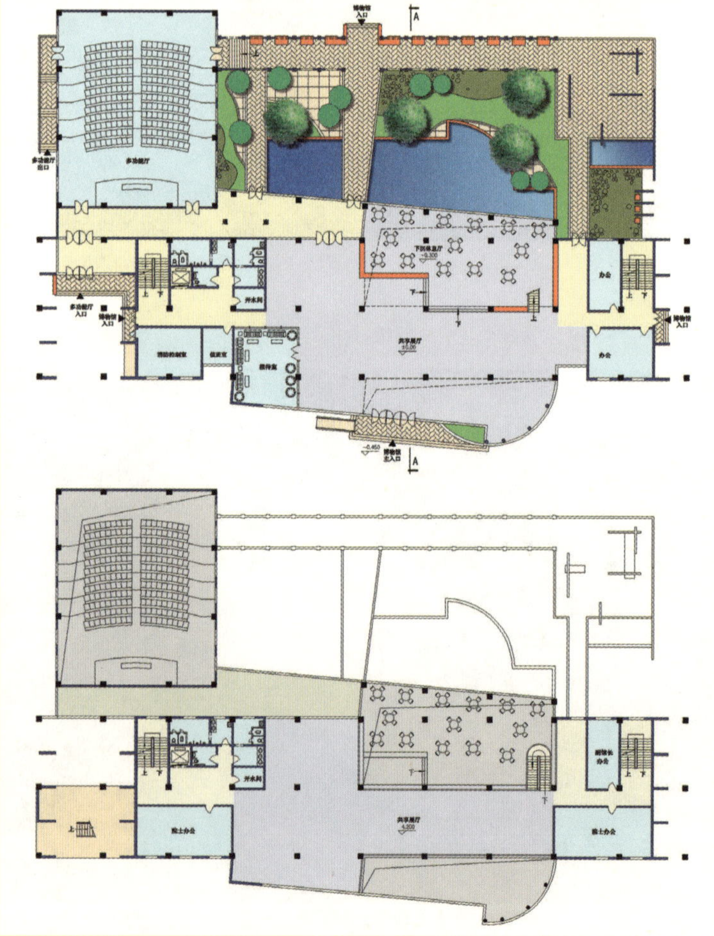

图 2-22　方案平面图

两个第一次
——南京市政府驻京办事处

在南京市政府驻京办事处的立面改造设计过程中，有两个值得回忆的“第一次”。

第一次在立面设计中采用不规则分隔的幕墙形式：突发奇想的思考依据彼埃•蒙德里安的构图，运用构图形式的比例及变化、玻璃体量的凸出凹进，产生“炫”的效果（当时的感觉）。原以为采用后会产生一种立面形式的“革新”式的影响，因而沾沾自喜，但最终却未被采纳。后来，当看到很多运用类似立面处理手法的项目如雨后春笋般地建成时，心中难免产生涩涩的酸楚（图2-23）。

图 2-23　立面改造后的方案效果

第一次使用 SketchUp 软件：偶然间从同事那里知道这个从网上下载的，后来被建筑师酷爱的设计软件。没有老师，没有范例，没有中文版，没有指导丛书，没有……硬着头皮，查着英文词典，看完 2.0 版本的近百页软件“帮助”英语说明，苦并快乐着！现在，SketchUp 成了建筑师必备的设计软件，命令的增加、材质的丰富、表现的多样、渲染的外挂为建筑师的方案推敲提供了强大的工具支持（图 2-24）。

建筑方案设计是一个创作的过程，在灵感来临之前，必然经过一段苦闷的、艰难的思考阶段，众里寻他千百度，蓦然回首，那“设计创意”却在灯火阑珊处。设计如同美术创作一样，既不是临摹，也不是写生，而是将没有的东西创造出来，并赋予功能和情感的色彩，特别是当完成的作品具有开创性、惟一性的时候，成就感往往油然而生。不管是创作的内容还是创作的手段，只要是第一次尝试去运用，总会带来一些欣喜的感受，同时，也为未来的工作增添了经验，技不压人。

值得回味的项目！值得追忆的过程！

图 2-24　第一次使用 SketchUp 软件建模后，输出的多种手绘效果

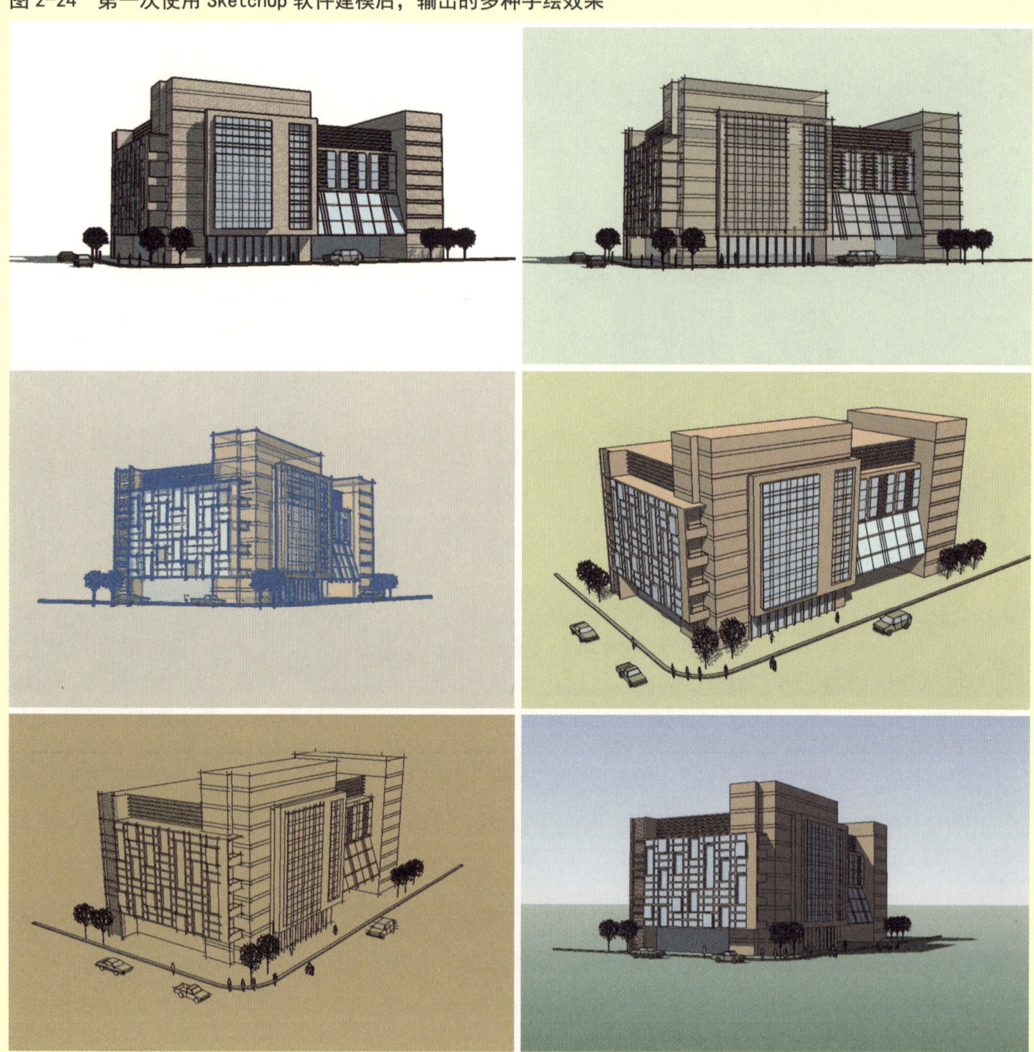

性格磨砺

——天津海泰绿色产业基地
潍坊市白浪绿岛地下商城

但凡从事一线方案设计工作的建筑师，在工作中都不可避免地遇到一些这样的业主，即由于业主没有专业知识而对方案的优劣好坏无法评价和不知所措，因而深深感觉到需要给这部分业主进行业务的基础培训。特别是一些没有工程经验而又性格执拗的业主，其恨不得让建筑师将所有的可能性方案均试一遍的做法，使建筑师的个性保持受到严峻的挑战。是顺其自然、投其所好地应付差事，还是苦口婆心、不厌其烦地认真劝导，成为建筑师们不能回避的选择。

负责任的建筑师，在这种反反复复的方案修改过程中，不断磨砺自己的创作个性，保持创作的欲望不被磨灭，实属不易，对于这种执著的精神应该保护和珍惜。十年来经历的类似项目不计其数，看到身边很多有才华的建筑师被这种磨炼压垮而改行转业，深感痛心！

天津海泰绿色产业基地：是一个历经磨难而未有结果的方案（图2-25），不停地修改、调整，然后颠覆、重来，不停地被要求出新、出奇，业主动辄“来三四个方案”研究一下的观念，使得方案设计犹如农贸市场的批发商品，一轮又一轮的设计汇报变成了麻木的工作而非创作。业主的意见尽管自相矛盾，却要求在一个方案中体现，难！难！难！

实际上，真正优秀的方案设计犹如精彩的文学作品，应该有主线，围绕所要表达的中心主题，通过相关附属内容的丰富和完善，才能成为一个完整统一的作品。如果所有部分和细节追求的都是精彩点而不分主次，最终将会成为堆砌、烦琐、臃肿的产品。尽管每个方案设计都体现了设计团队的认真的工作态度和方案欲要表现的设计思想和理念，换来的却是业主认可后再调整的要求，设计的激情在一遍又一遍的

图 2-25 被业主确定的方案最终又不了了之

图纸修改中慢慢泯灭（图 2-26）。

结论：建筑师最难能可贵的是耐心，特别是中国的建筑师，仅有才华和激情是万万不可以的，只有具备“激情加耐心”的优秀品质，才可能无坚不摧，否则内心只会充满郁闷和无奈。

图 2-26　在“批发”式的方案堆中，挑选出来的曾被业主有过评价的部分设计过程图

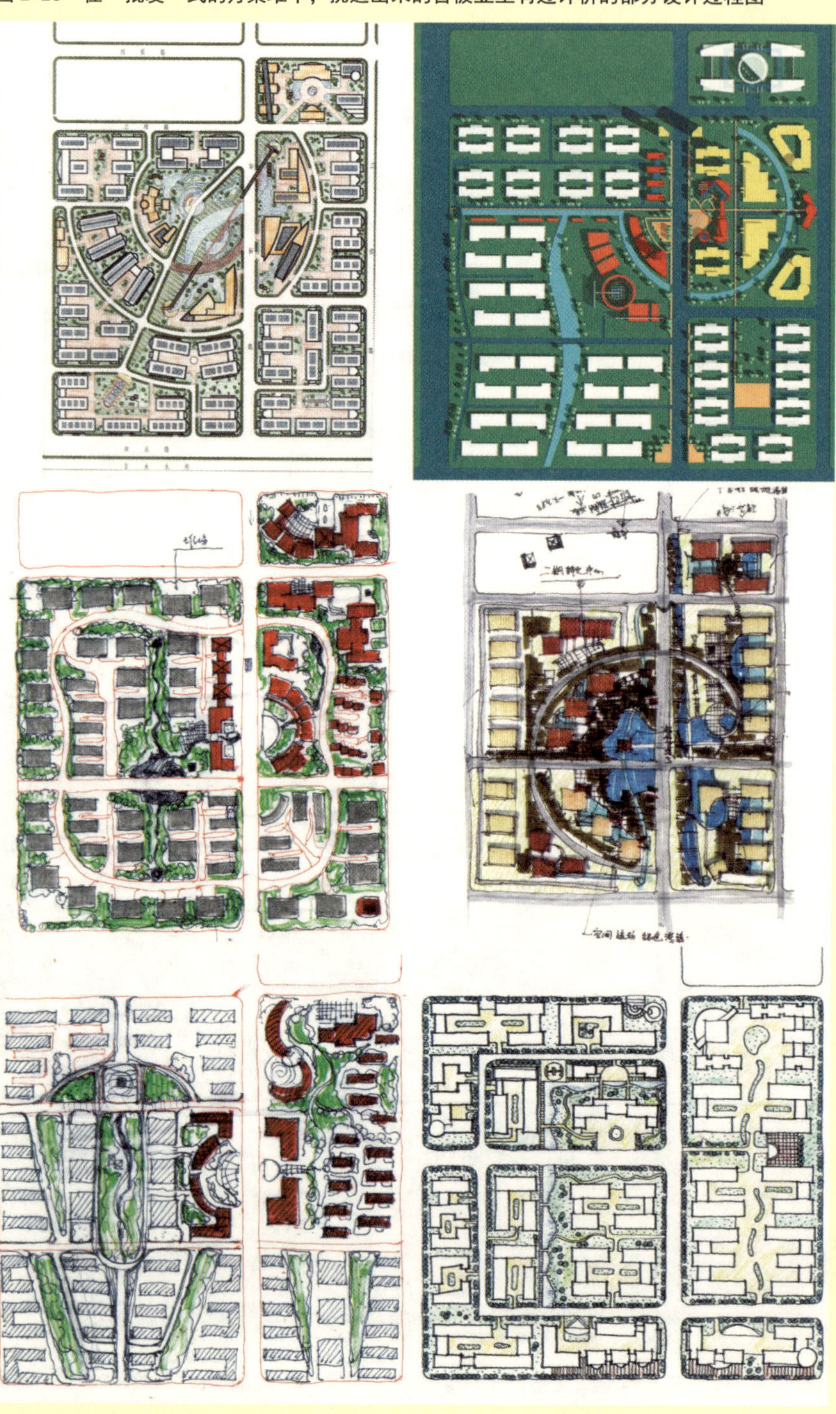

潍坊市白浪绿岛地下商城：又是一个历经磨难的项目。对于建筑师来说，很多项目的业主都像一块磨刀石，不磨不足以显示石头比刀更坚硬。自接手这个项目后，经过七轮的方案修改，最终因为时间来不及而在仓促中以最初的方案为依据，开始进入项目的初步设计阶段(图2-27~图2-29)。转了一大圈又回到原点，也证明有时刀子比石头更"快"。哭笑不得的项目！建筑师需要耐心，特别是要永不放弃，充满激情的心不要被磨刀石磨碎。

图2-27　潍坊白浪绿岛鸟瞰图

方案力求使该项目成为城市的、景观的、商业的、文化的、市民的广场，以展现潍坊市的风貌，形成整个城市的新的聚焦点，为市民提供一个休闲、运动、交流的室外场所（图2-30）。以奎文门为主要景观轴线，将广场设计成动感、时尚的滨河空间。围绕中心广场分设多个小型主题广场，各主题广场既独成体系，又相得益彰（图2-31）。

图2-28　潍坊白浪绿岛总平面

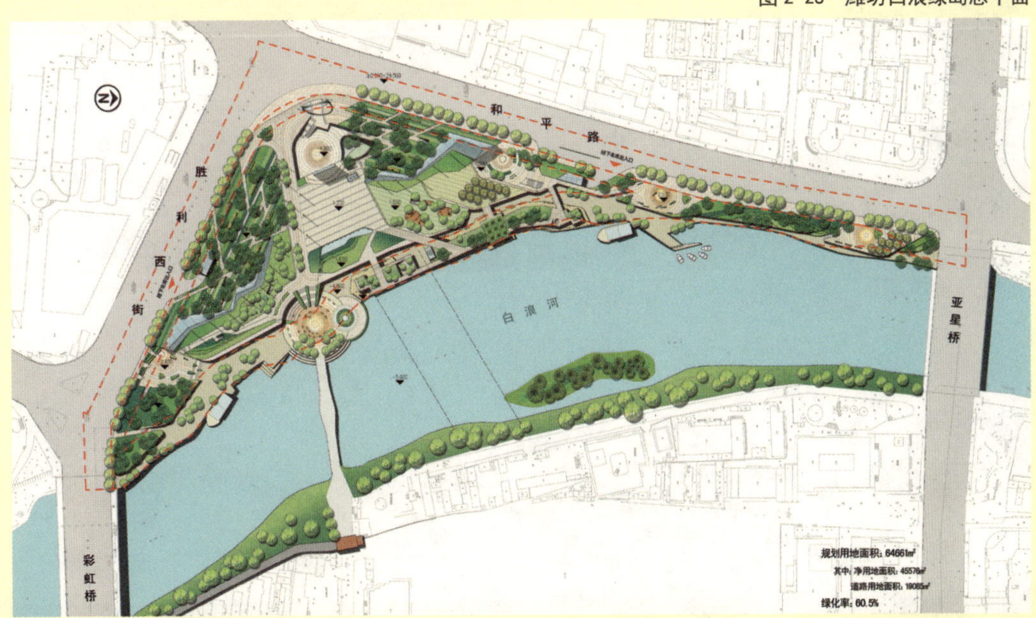

图 2-30　夜景鸟瞰图

图 2-29
地下商城平面图

图 2-31　各小型主体广场

表达技巧至关重要
——保定市国土资源交易市场
黑龙江省直老干部活动中心
呼和浩特市国家税务局办公楼

语言表达能力和技巧是建筑师必备的基本素质。不论是方案设计师还是施工图设计师，表达是建筑师与业主之间思想沟通的桥梁，如果表达能力欠缺，会严重影响思维交流的通畅，不能将建筑师的设计理念和思路完整地传递给业主，由于表达不清而造成业主误解的例子比比皆是。很多有才华的建筑师犹如茶壶，肚子里有水，却不能快速、有效地显露出内涵，不能不说是一种遗憾。

除了少数建筑师外，大部分人的语言表述能力和交流技巧都需要后天的锻炼。特别是在方案介绍能力方面，对建筑师思维的逻辑性提出了更高的要求。方案介绍前应将设计的前因后果、轻重缓急分析清楚，并列出简要的汇报提纲，以备能在汇报会上脱稿介绍，同时对介绍结束后业主可能提出的问题做好完美答复的准备。这是一个漫长、艰难的锻炼过程。随着汇报经验的积累和业务水平的提高，表达和沟通能力也会得到相应提高。

多年来，由于注意这种能力的锻炼，越来越感觉到业主的认可，甚至与很多业主成为了朋友。设计理念能较快地被业主理解，有效地提高了工作效率，减少设计修改的反复性，深感表达技巧至关重要。下面是三个与建筑师表达能力相关的不同实例。

保定市国土资源交易市场：一个现在看来仍然说得过去的设计（图 2-32），方案未能中标的原因和专家评论不明。

方案的总平面流线和整体风格与周边现状较为符合，交易大厅与高层办公分区明确，互不干扰（图 2-33）。办公部分自四层至九层布置交错互补的工间休息空间，使之相互穿插渗透，既丰富立面的空间形象，又为工作人员提供交流的场所（图 2-34）。结构柱网体系简洁，通过楼板变化形

图 2-32　方案体现紧凑严谨的风格

成空间的丰富变化。

建筑立面形式摒弃了政府办公建筑厚重对称、过于严肃、墨守成规的惯用设计手法，通过幕墙和铝板的质感，给人以晶莹剔透、轻巧简明的感觉，暗示政府工作的廉政建设与提高透明度的含义，增加政府建筑的亲和力（图2-35、图2-36）。

反思方案之所以没能中标的原因，极有可能是介绍方案时的表达的不足，没有将方案设计的亮点充分展示给业主。汇报方案时，语言的表达能力和清晰的逻辑思维是建筑师必备的条件，因为设计图纸的表达是静态的，只能通过语言的阐述来引导业主思维的方向，使业主明白

图 2-33　方案平面图

图 2-34
方案剖面图
每层尽端均设置
小型休息厅

建筑落成后所产生的真正效果，特别是室内空间丰富的方案，毕竟外立面可以通过效果图表现，而效果图却难以表达室内空间的精彩。

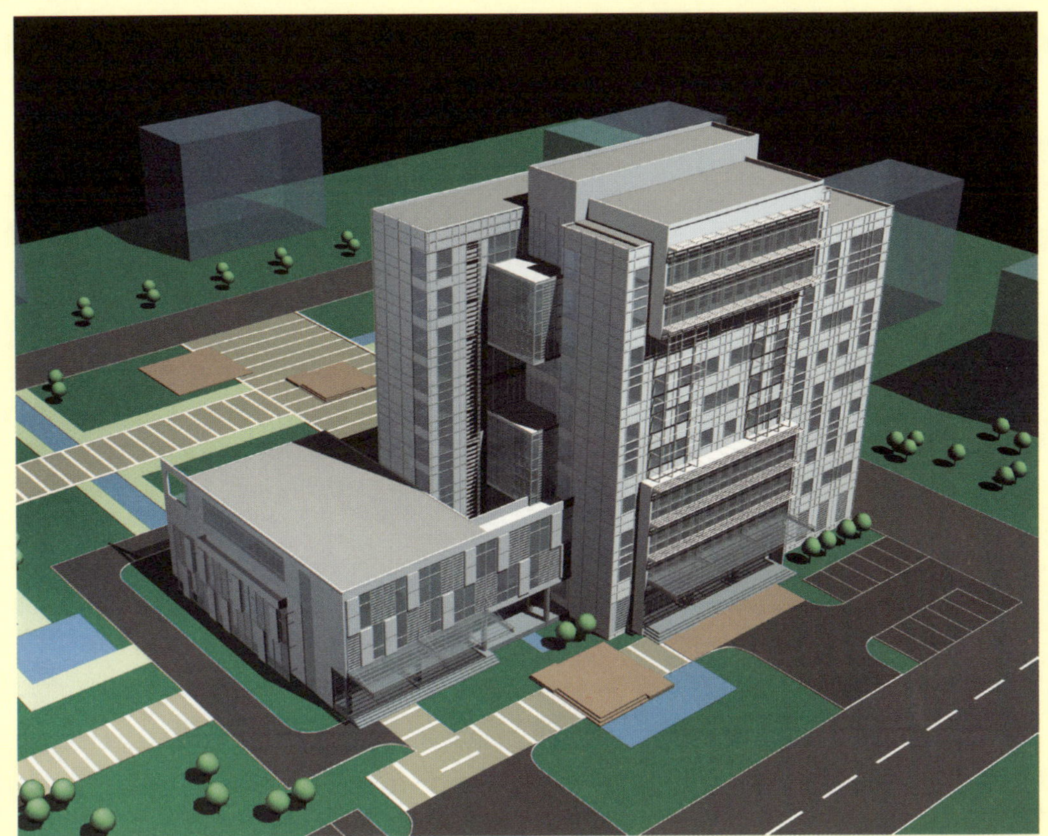

图 2-35　方案鸟瞰图

图 2-36　方案立面细节

黑龙江省直老干部活动中心：一个受益匪浅的中标工程项目设计（图 2-37、图 2-38）。方案设计的时间十分短暂，只能采用四平八稳的设计方案，大约只用十天的时间就完成了功能较为复杂的设计，结果却意想不到地好。

图 2-37　中标方案效果图

图 2-38　中标方案模型照片

图 2-39　评标现场及评标结果

名次	代码	评委	评委	评委	评委	评委	评委	评委	评委	评委	总数
	一	4	4	3	4	4	4	4	4	4	35
	二	2	1	1	1	1	2	1	1	2	12
	三	1	3	2	2	2	3	2	3	3	21
	四	3	2	4	3	3	1	3	2	1	22

评标过程为现场汇报，专家根据自己的判断评分，现场给出心中的名次，由公证人员现场唱标，现场决定名次和中标单位，公平而又含有巨大的运气成分。当时，9位评委中，6位专家给了我们的方案第一名的成绩，3位专家给了我们第二名的成绩，中标结果公平、公正，无可争议（图2-39）。

平心而论，有一个方案的设计水平在我们之上，但是由于我方张琪先生现场汇报方案的精彩程度深深打动了专家评委，使得方案脱颖而出。现场气氛的感染力使我不得不深思自己的问题。作为一名建筑师，对方案的表达能力和思维的合乎逻辑必须具有穿透力和感染力，方案设计的构思和精彩才能够深入人心。特别是对一些非专业的业主来说，只靠图纸的表达，有时不能全面反映设计的思想。自此开始，时常注意锻炼自己的语言表达能力，力争做一位全面的建筑师（图2-40、图2-41）。

图2-40　修改后的立面方案

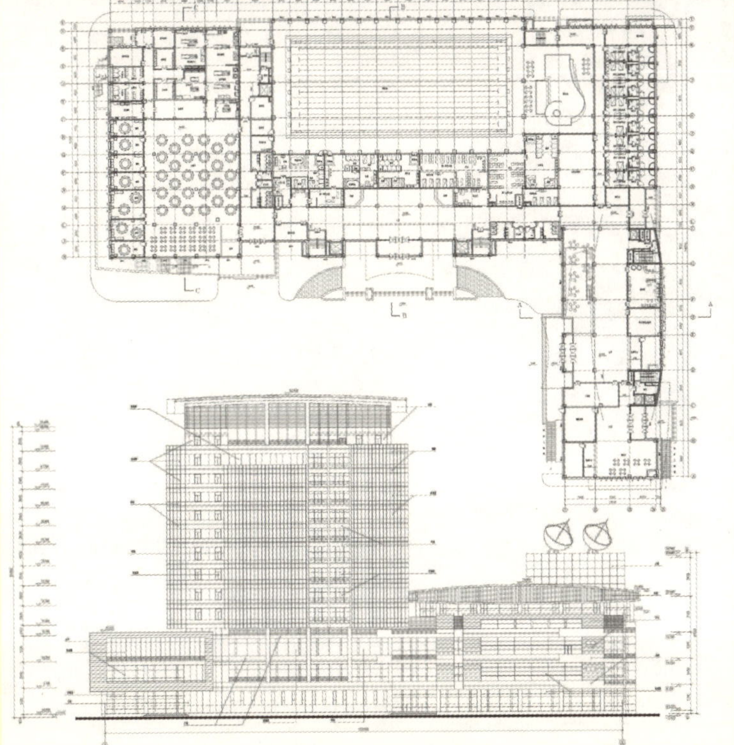

图2-41　初步设计部分图纸

呼和浩特市国家税务局办公楼（图 2-42）：该项目的中标方案出自一个设计一般但汇报相当精彩的设计公司。

方案在传统的办公空间中植入充满阳光与绿色的中庭，新的建筑要素为传统的办公空间提供了新的功能和意义。自然景观与办公空间有机地结合在一起，使得建筑充满生机和活力。

在中庭内部设立竖向绿化，形成“绿化包围建筑，建筑包围绿化”的空间形态。所有的办公人员在办公楼内感受到自然的温馨，沐浴在阳光之中，呼吸新鲜的空气，使得紧张的心态得到放松。同时，中庭为办公人员提供交流的场所，使他们可以在工间休憩中互相交流，探讨问题。办公楼的主要垂直交通工具一改普通办公楼常用的封闭电梯而在中庭设置了三部观景电梯，使中庭成为互动的共享空间。办公人员乘梯的过程亦成为放松的时刻（图 2-43、图 2-44）。立面采用石材与玻璃幕墙之间交替渐变的处理手法，使得政府办公楼给人以轻松的感觉，避免墨守成规、高不可攀的威严形象（图 2-45）。

图 2-42　建筑正面严谨的形象通过细节处理给人以轻松的感觉

图 2-43　方案总平面图

评标结束后，中标公司的汇报人私下与我沟通，真诚地对我们的方案给予了很高的评价。方案没有输在设计上，

而是输在表达上，不能不说遗憾万分。建筑师犹如体操选手，只有吊环或者双杠等单个项目的鹤立鸡群，是永远成不了全能冠军的。

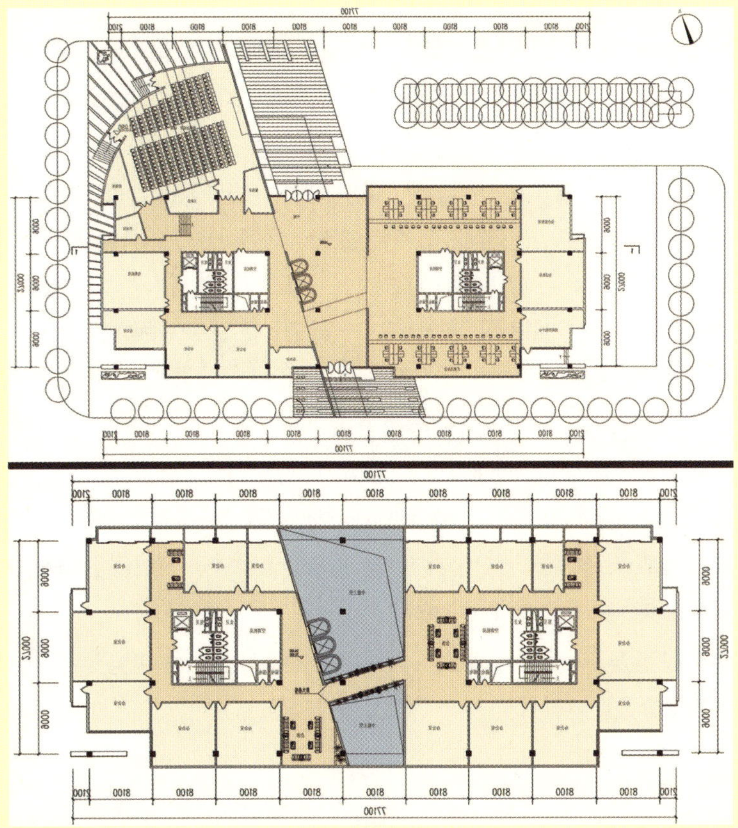

图 2-44　中厅空间为职员提供舒适的办公环境

图 2-45　方案总体鸟瞰图

团队的力量
——济南大学化学化工楼

建筑方案设计是一个团队协作性很强的工作，特别是个性不同、见解不同的建筑师共同完成一个项目时，如何将大家的设计思路和观点融为一体，顺利而出色地完成项目设计工作，配合默契成为了解决问题的关键点。

由于建筑设计作品拥有“仁者见仁、智者见智”的特点，即对建筑的形式、色彩、质感、功能，不同的人有不同的见解，因而在设计过程中，建筑师们难免会在设计思路和认知上有所不同，有时甚至会产生激烈的矛盾和冲突。我认为，在意见相悖的时候，应该以设计负责人的观点为主，因为项目的最终成败是由负责人来承担的。但这不是指形成“一言堂”的状态，因为任何一个人的能力和精力都是有限的，一个精彩的设计作品不可能依靠一个人的工作来完成。

参与项目的每一个设计人都应该勇于提出自己的观点和想法，因为任何一件作品都是“有一千个读者，就有一千个哈姆雷特”，所以设计人应从对作品负责的角度出发，去完善方案的每一个弱点，才能体现团队的力量，而不应该简单依赖负责人一个人的力量。作为一个项目的主要负责人，万不可自以为是，而应做到集思广益，同时，对来自每个设计师的建议，必须做到不带任何个人感情色彩，本着对项目负责的态度加以取舍，才能获得完美的作品。

团队的力量在设计工作中至关重要。一个配合默契、团结合作的设计团队往往能受到业主的信任和赞美，这需要团队中的每个设计人都拥有一个“忘我”的心态。

图 2-46　建筑主体呈南低北高的形象

济南大学化学化工楼：回味无穷的设计过程，设计开心，合作开心，最后中标更开心。设计团队的思想统一与合作团结是项目成功的坚实基础。

图 2-47　建筑入口采用“灰”空间的过渡形式

建筑主体由南北两栋层数不同的教学楼组成，并通过下沉广场相连接，同时与周围环境相融合，使建筑与校园环境融为一体（图 2-46）。入口形象摒弃传统大台阶中轴对称的形式，而是采用“门”字形构图的暗喻手法形成独特的建筑入口，给人以耳目一新的感觉（图 2-47）。连廊的多种空间效果（底层的架空空间、首层的桥式空间、二层的玻璃体空间，三层的露台空间）与下沉广场一起形成有致的空间形象（图 2-48）。

建筑地段处在沟坎之上，地势西低东高，回填土量较大，故在北楼与南楼之间设置下沉广场，以减少土方工程量，同时也可解决地下室的通风采光问题，地下室可设置特殊要求的实验室。南、北楼主体平面形式均采用“一”字形，使用功能较为简洁，同时也降低了主体建筑的造价。由于南楼的层数较少，从而减少了对北楼阳光的遮挡（图 2-49、图 2-50）。

图 2-48　南北楼之间的联系通廊

南、北楼之间的下沉空间为学生提供学习、交流、休闲、活动的场所（图 2-51）。通过广场的导向性设计，强化入口的形象。结合步行绿化广场，将室外景观引入室内，

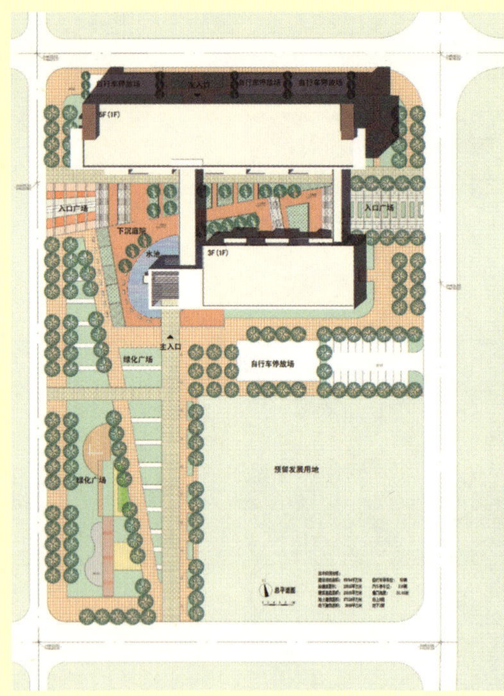

图 2-49　总平面图

使内部空间得以延续，继而创造一种动态的、绵延的连续空间，连廊成为内外空间相互转换的媒介，结合两侧室外连廊的透明体，营造一个收分有致的建筑序列。

图 2-50　首层平面图

图 2-51　利用地形高差形成下沉休闲庭院

创新需要把握“度”
——北京工业大学软件学院

很多建筑师在方案创作中力求出奇出新，但是，标新立异的程度需要根据实际情况和业主喜好来确定。因为有些业主更注重建筑的沉稳性，对于建筑的一些先锋设计，往往不能接受。同时，建筑的首要点是功能使用合理，如果偏离这个目标而单纯追寻形式上的与众不同，结果会适得其反。适度把握创新的“度”，还需要与业主进行良好的沟通，使之认可其实现对整个建筑品质的提高。

图 2-52　建筑体现出积极向上和标新立异的形象

北京工业大学软件学院的方案设计，在建筑形象和室内空间上力求有所突破，不管从当时还是现在来看，迈的步子过大，不太符合学校领导心中理想的方案（图 2-52）。方案的使用功能性比较强，对教学、实验、办公、餐饮的功能分区考虑得相对细致，既能避免相互干扰、影响，又能相互联系。同时，丰富的室内空间和多个室外庭院为师生教学和生活的不同需求提供了多样的选择（图 2-53~图 2-55）。

图 2-53　建筑布局与地形紧密结合

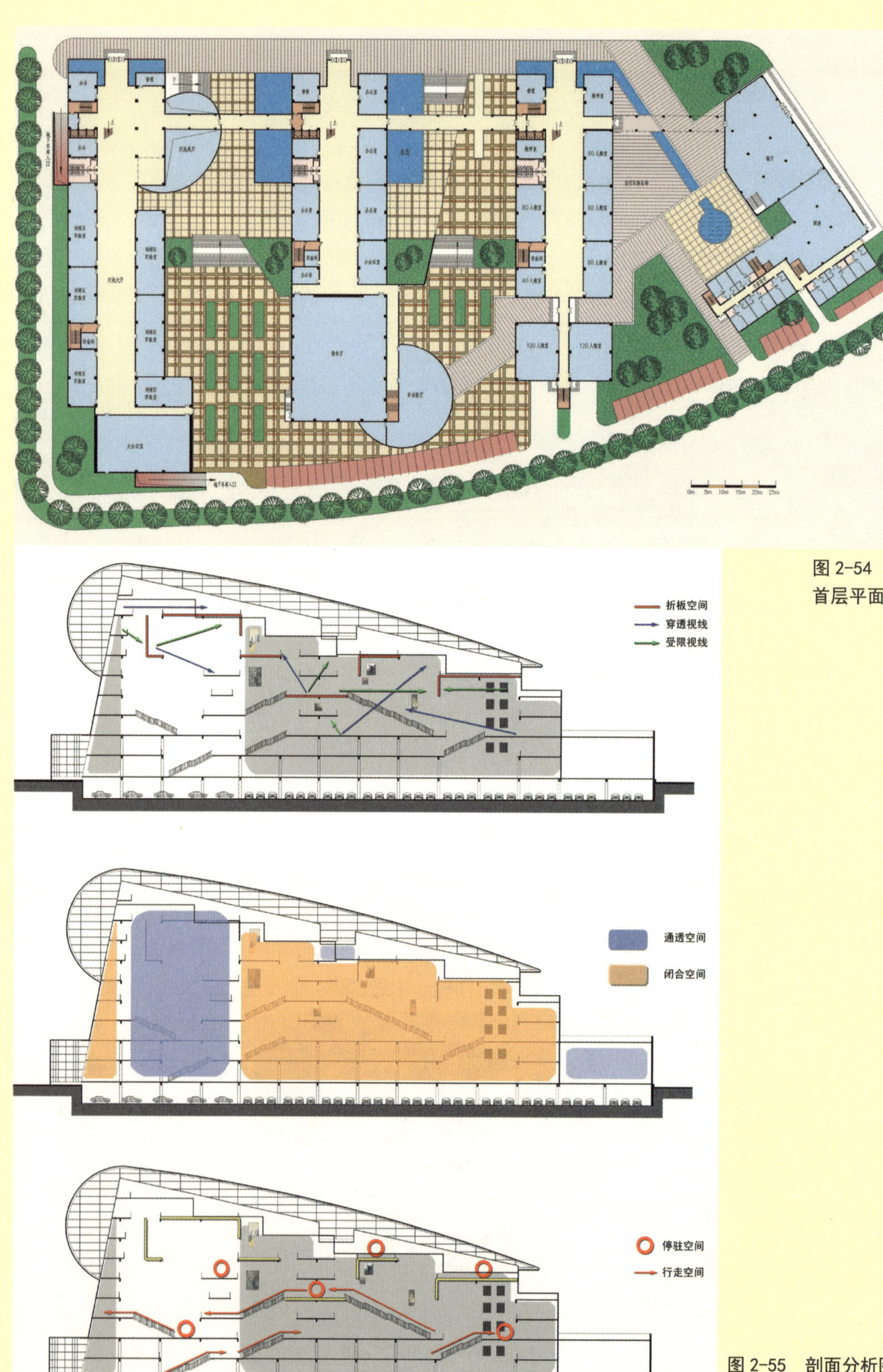

图 2-54
首层平面图

图 2-55　剖面分析图
内部空间丰富，体现校园建筑的活跃氛围

在建筑立面上寻求新奇，是因为大学是一个比较能接受新鲜事物的群体，而且软件学院作为 IT 人员的摇篮，也比较前卫，因而方案设计的整体形象体现出一种积极向上的感觉，从而表达了高科技给现代生活带来的巨大变化（图 2-56、图 2-57）。

后来看到中标的方案，感觉非常精彩，在标新的道路上有所控制，"度"掌握得非常恰如其分，整体形象稳重，入口部位设计新奇，其空间丰富而又造价低廉，中标理所当然。

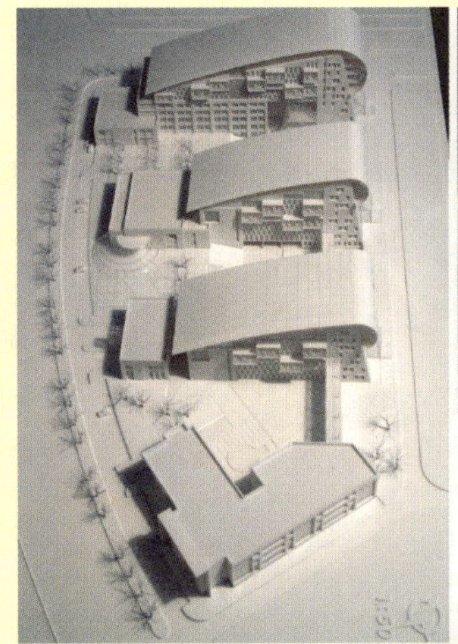

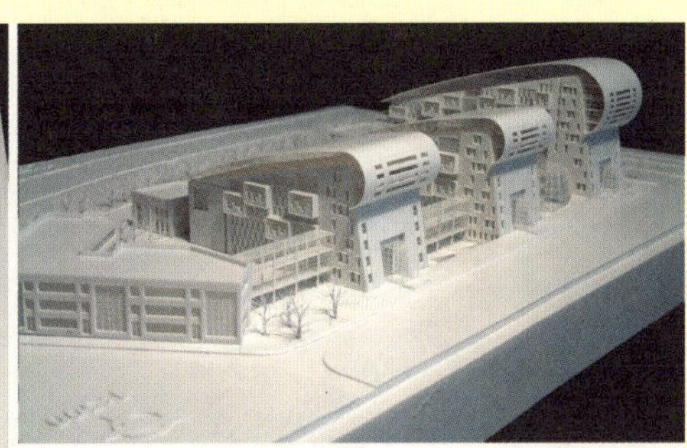

图 2-56　建筑模型照片

图 2-57
建筑细节刻画与处理

享受设计快乐
——烟台莱山三园大厦
济南彩石山庄销售中心

如果业主充分信任建筑师的能力，使方案设计能在一种宽松的、无拘束的环境下，信马由缰、自由自在地创作，对于建筑师来说是一件幸事。尽管这种机会可遇不可求，但是作为经过多年磨炼的建筑师，通过调整心态，同样能在一些设计中充分享受到创作的快乐。

图 2-58　无拘无束的创作完全是一种享受

烟台莱山三园大厦：完全是一件“自娱自乐”的设计作品（图 2-58）。设计过程中，业主对我没有任何约束和限制，完全可以自由发挥，方案的创作成为一个享受快乐的过程，为追求“过瘾”，设计、制图、建模、渲染、后期都是亲力亲为（图 2-59）。

方案投入了大量的精力来分析现状，同时将设计理念与周边环境相融合，贯穿于整个设计中。尽管最终因为项目用地发生变化而使方案没有实施，但是对于少有的设计经历和过程，一字蔽之：爽！

图 2-59　建筑局部透视

项目的基地位于烟台莱山工业园北侧入口，与三角形区级绿化公园隔街（二园路）相望，代表整个工业园区的形象，因而位置极为重要。项目

图 2-60 建筑群体风格统一

是包含办公、会展、餐饮、休闲娱乐、住宿等多种功能的建筑综合体（图 2-60）。

在方案总体规划设计中，根据地段四周道路的等级及重要性以及本工程的性质，确定工程的功能分区（办公区、会展区、住宿餐饮区、娱乐区）。同时，运用主副轴线将四个功能区联系在一起，充分利用现状基地内的池塘，形成内部庭院。水池呈圆形，映射蓝天白云，象征“天圆”；四组建筑围合，成为方形广场，象征“地方”（图 2-61）。

设计中充分考虑与北侧公园的关系，运用生态建筑的设计理念，利用南北轴线的视觉通廊，将公园的绿色景观引入内部庭院，以达到借景生情、为我所用的效果。庭院内部有一条以“水带”形成的副轴线贯穿东西，辅之以绿化系统，将绿色、生态融入建筑，主副两条轴线相交于中心广场，形成“生态核心”（图 2-62）。

在建筑功能分区上，合理地将“动”与“静”的空间相对分开，避免相互干扰。办公区位于东北向，既可以方便使用者的到达，又可以使之充分享用北部绿色花园与内部庭院的景观；会展区位于西北向，有利于三个工业园在此举办产品展览、展示以及各企业的会务、研讨等，同时便于大

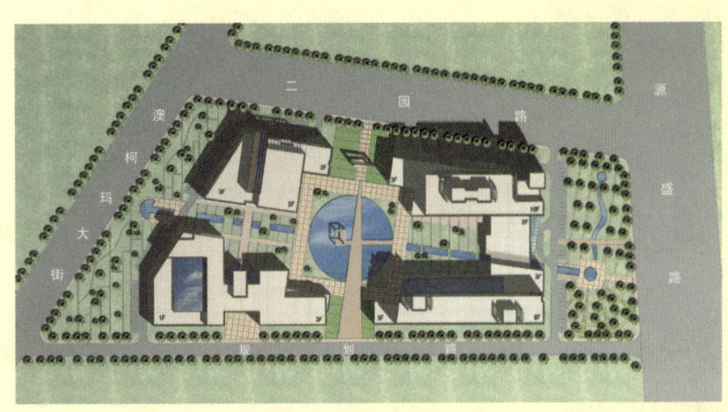

图 2-61 建筑分布四角，中央形成自然的空间

图 2-63　建筑形象采用多种对比手法

量人流的疏散；住宿区位于东南向，既有良好的采光，又有相对宁静的环境，便于使用者休息；娱乐区位于西南向，提供档次较高的娱乐、健身服务。

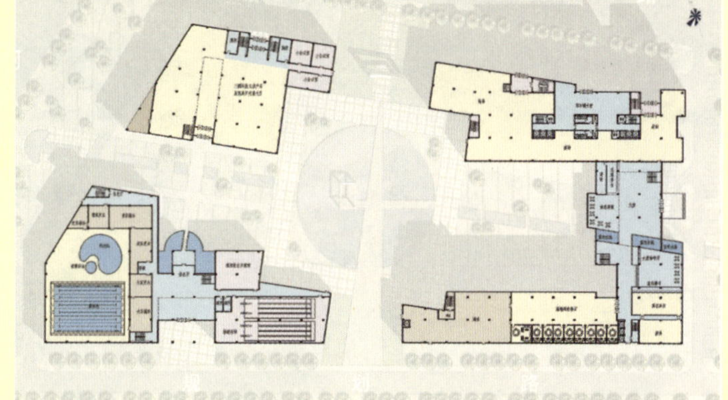

图 2-62　首层平面图

建筑采用大量对比的手法，形成丰富的建筑组群空间。高低对比、虚实对比、厚重与轻巧对比、严谨与多变对比，形成有序的建筑空间的节奏感（图 2-63）。

变化丰富的建筑轮廓线突出了建筑形象特征，在建筑细部设计上利用传统的建筑语言，并适当变化，形成独特的建筑造型特征，同时避免激进的设计手法，形成温馨宜人的氛围(图 2-64)。

错缝搭接的石材与玻璃幕的恰当运用使整个立面虚实有致，给人以稳重、求实的感觉，并运用大量横向线条以及少量点缀性的竖向线条，赋予建筑以文化色彩，体现“齐鲁之乡，礼仪之邦”的形象。

图 2-64　细节刻画统一而又有所变化

济南彩石山庄销售中心：方案最终获得了业主的满意和认可，虽然由于项目开发意向的改变而没有得以实施，但在业主没有过多干预的情况下，设计团队充分享受了一次激情四射、快乐无比的创作过程。

图 2-65　建筑北侧沿经十路整体形象

整栋建筑呈现为一个狭长的体量。北侧作为面临城市干道的主立面，用白色曲线蜂窝铝板组成的竖向格栅形成动感的效果，与简洁的暗红色毛面砖墙形成色彩、曲直、虚实、动静、精致与粗放的强烈对比，对“经十路”的行人产生强烈的视觉吸引力，同时提升彩石山庄小区的入口形象（图 2-65）。南侧立面采用砖墙、木材、玻璃等基本建筑材料的自然衔接，并根据功能要求形成体量的穿插，同时结合内部微型庭院，营造宜人舒适的活动空间（图 2-66）。

图 2-66　建筑南侧庭院部分采用活跃元素

建筑造型简洁，而内部空间极为丰富。竹园将阳光引入室内，辅以水池、草地，将功能性房间融入自然中去，为购房者提供一个舒适的环境。平面流线组织有序，内外、动静有别，展示区、样板间、洽谈区、签约间符合购房者的心理接受程序（图 2-67、图 2-68）。

建筑立面是对内部空间的真实反映，通过点、线、面、体的运用，使光线形成阴影效果，成为建筑的有机组成部分（图 2-69 ～图 2-72）。

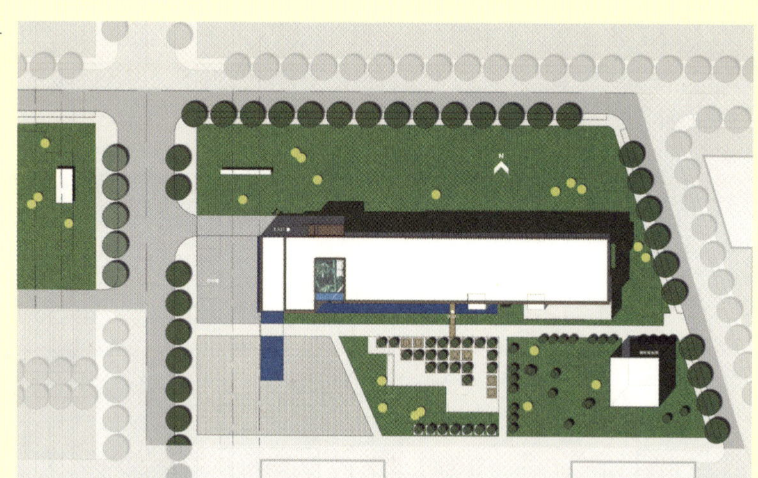
图 2-67 总平面图

图 2-68 建筑平面图

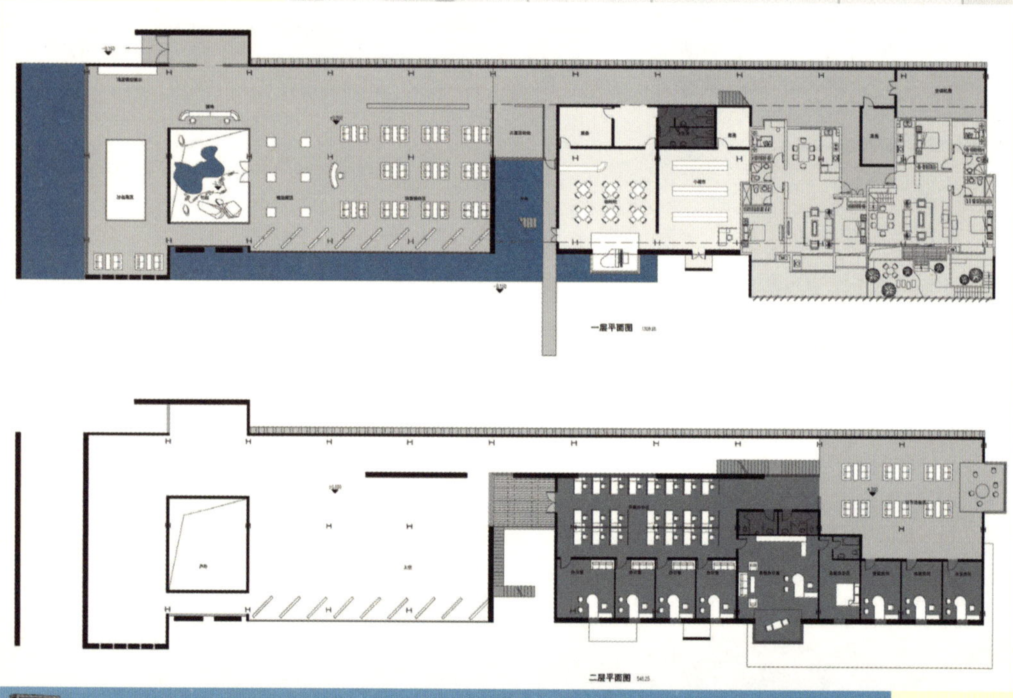

图 2-69 建筑形体分析图（一）

图 2-70　建筑形体分析图（二）

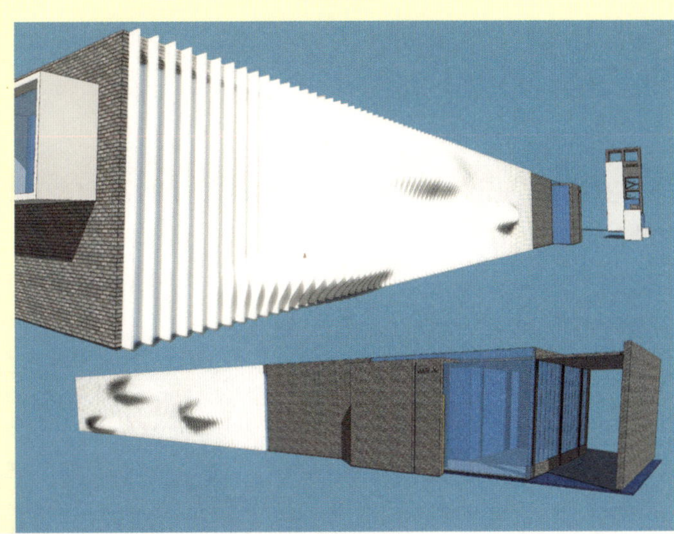

图 2-71　建筑形体分析图（三）

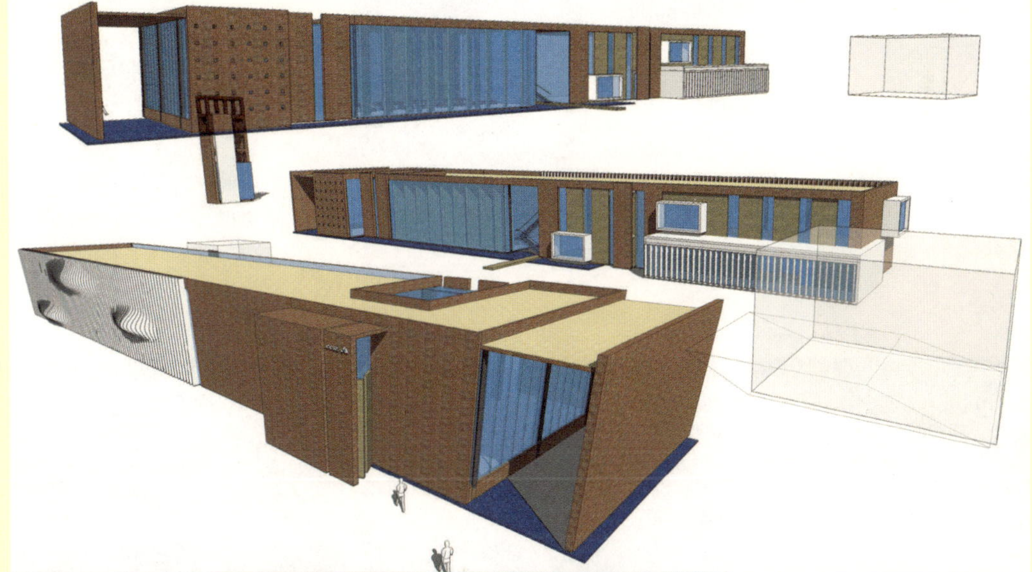

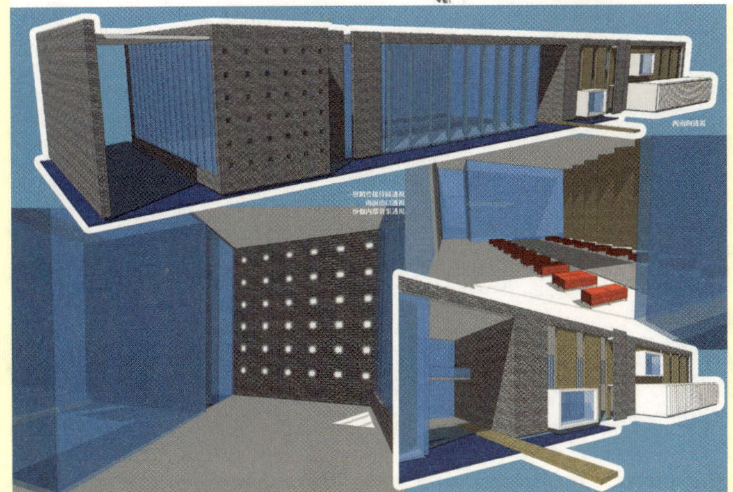

图 2-72　建筑形体分析图（四）

屡战屡败、屡败屡战
——新疆生产建设兵团机关综合楼

在每位建筑师的成长道路上，“屡战屡败，屡败屡战”总是时刻相伴。失败并不可怕，因为“失败是成功之母”，在失败中总结经验教训，放马再战。成功的原因往往相似，而失败的原因却各不相同，灵感、擅长、设计、表达、机遇充斥整个投标的过程，更有诸多不能放在桌面上的因素存在。投标失败后，有时自愧不如，有时遗憾无奈，有时怒不敢言，注定建筑师要扮演大喜大悲的角色。

我曾经与一位明星级的同龄建筑师有过交流，他说自己投标十次，能中两三次已实属不易，虽然失败的原因是多方面的，但是每次投标的过程都能对自己的业务有不小的提高，对于投标的结果，看得已经不那么重要，而每次设计对于自己能力的锻炼却显得弥足珍贵。有了这些经历，再遇到

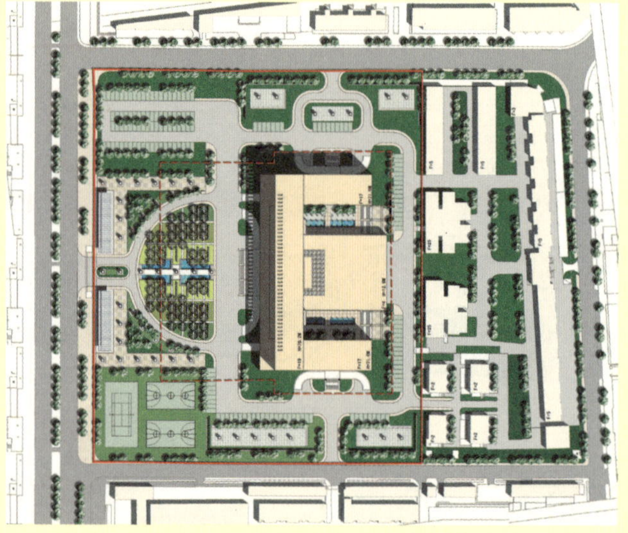

图 2-74　总平面图

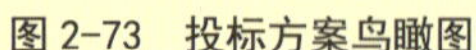

图 2-73　投标方案鸟瞰图

困难的时候，已经学会从容面对、泰然处之。我深深地感到“百炼成金”就是对他坚忍不拔的精神的最真实写照。

新疆生产建设兵团机关综合楼的投标方案，融入设计团队大量的调研、分析、设计工作，最后却没能中标（图 2-73）。

根据现状条件，将综合楼平面布置成“凹”字形，采用中轴对称的形式，给人以质朴稳重、气势恢宏的感觉（图 2-74～图 2-76）。墙面材料主要采用浅黄色石材，局部和檐部以铝板的金属质感和色彩进行点缀，基座部分采用蘑菇石，符合古典建筑的三段式构图。开窗形式以方形窗为主，局部采用玻璃幕，主入口采用柱廊的形式，虚实对比有序，既体现了亲切、平和的特点，又暗喻了威武、庄重的气势（图 2-77、图 2-78）。

从功能、体量和形象上看，方案本身应该符合业主的要求，但专家对方案的评论却不得而知。

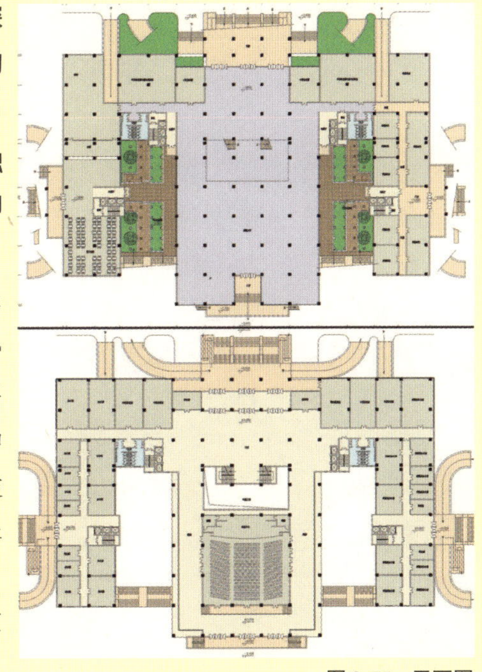

图 2-75　平面图

图 2-76　剖透视图

图 2-77　夜景效果图

图 2-78　建筑细部推敲分析图

建筑的地域特色
——江苏大学京江学院教学综合楼

文化是“有机”和“多元”的，体现建筑的地域特色，发扬当地的文化传统是一个建筑师必须肩负的责任。特别是对于文化积淀深厚、历史传统悠久的地区，建筑的个性化形象应该慎之又慎，稍不注意，就会对原有的历史发展文脉和城市文化肌理形成破坏，这种指责是一名有责任的建筑师不愿背负的。

图 2-79　建筑形象体现校园文化建筑气息

建筑师思考的已经不仅仅是建筑的功能和与周围环境的协调，更应详细了解项目所在地域的特色、历史的发展、生活的习俗、审美的倾向等更深层次的内容。如何将新建筑融入当地文化氛围，成为建筑师动笔设计前不能回避的课题。

京江学院教学楼方案未中标的专家结论：方案较好地考虑了地形特点，功能分区较为合理，建筑立面刻画比较详细，符合校园建筑的风格（图 2-79、图 2-80）；但是建筑形象不符合江苏大学整体格调，

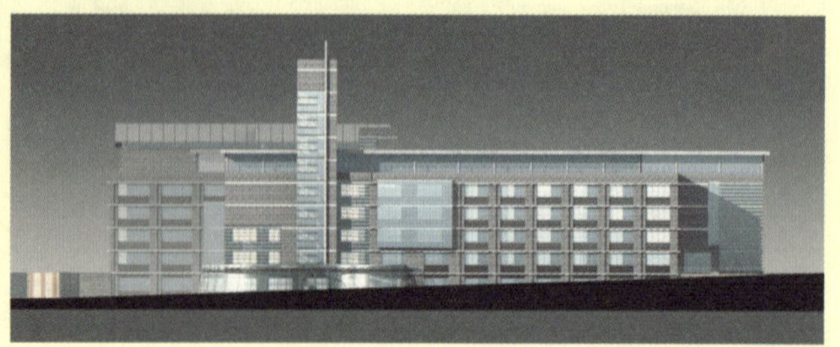

图 2-80　正立面图

特别是没有展现江南建筑的通透性和轻盈的感觉，方案立面设计过于沉重。

方案构思概要：建筑主体由行政教学办公区、教学区和大型阶梯教室区组成（图 2-81），各区域通过下沉式广场、内部庭院以及过街通廊相互连接，同时与周围环境相融合，使建筑与校园环境融为一体。通过建筑的架空通廊，满足视线通透和空间过渡的要求，形成庭院深深、空间层次丰富的视觉景观效果。内部庭院植以花木，并通过几何形的水面设置使江南园林优雅的特色与现代化高效、发展的风格相结合，给人以别有洞天的感觉，创造一种良好宜人的读书、治学的校园文化氛围（图 2-82）。因建筑地段处丘陵地带，地势西低东高，回填土量较大，故在办公区与教学区南楼之间设置下沉广场，同时以多功能厅的屋顶作为对内主入口广场，以减少土方工程量，也可解决通风采光问题（图 2-83）。

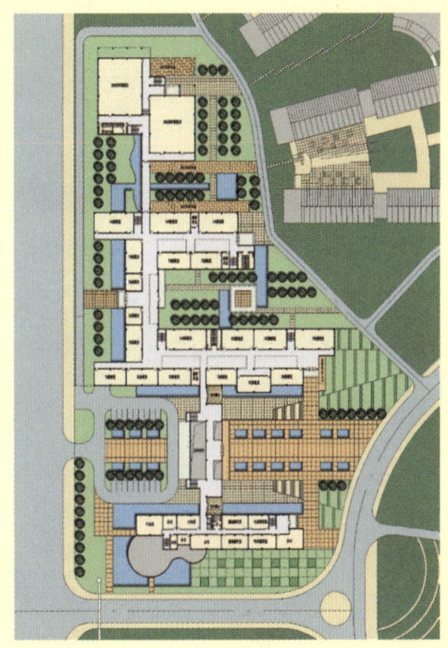

图 2-81　根据功能需要分区域划分平面

图 2-82　内部庭院为学生提供读书交流的空间

图 2-83　建筑入口充分利用台地高差特点

学做工程主持人
——北京西马住宅小区二期

北京西马住宅小区的设计，是一个令我终生难忘的项目（图 2-84、图 2-85），更觉非常幸运的是遇上一位真正为人师表的好“师傅”。顾群总建筑师对项目设计的认真负责的态度以及业务能力的出众，给我留下了难以磨灭的印象，对设计规范、工程做法、建筑材料的性能，甚至建筑材料的市场价格都“了如指掌”，特别是她对项目的控制能力和各专业之间的协调能力，使我受益匪浅。

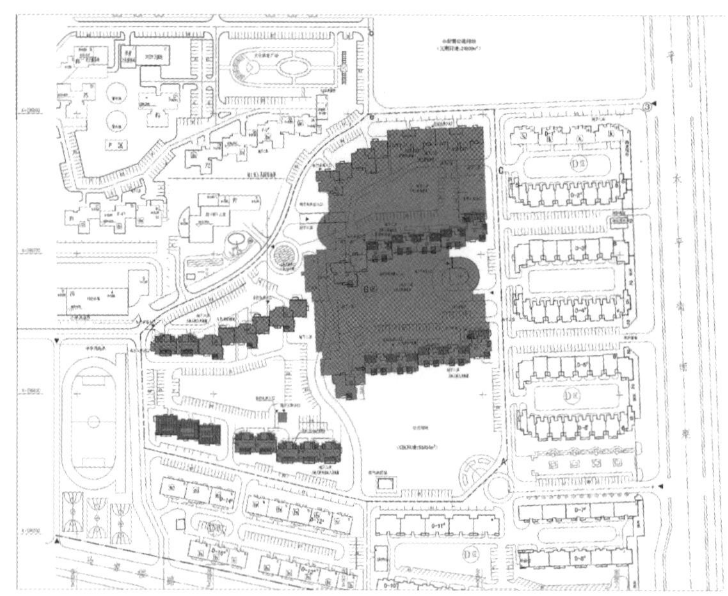

图 2-84　西马小区二期总平面图

至今，我仍然留有当时她做的工程进度计划以及因为业主修改意见而进行的项目计划调整和注意的问题（图 2-86），感觉到一个工程主持人仅有技术能力和业务水平并不一定能够将大型项目顺利地完成，也正是从此开始，我暗暗学习如何对一个大型群体建筑项目进行总体控制。更让我难以忘怀的是，所有设计人员对顾总的工作安排的服从和尊重以及面对突如其来的设计变更的应变能力，使我开始思考除了技术和业务以外，如何带领大家协同作战的处事方式和工作技巧。正如陆游的诗中所写：“汝果欲学诗，功夫在诗外。”

原本认为一个建筑师只要经过时间的煎熬，都能“多年媳妇熬成婆”

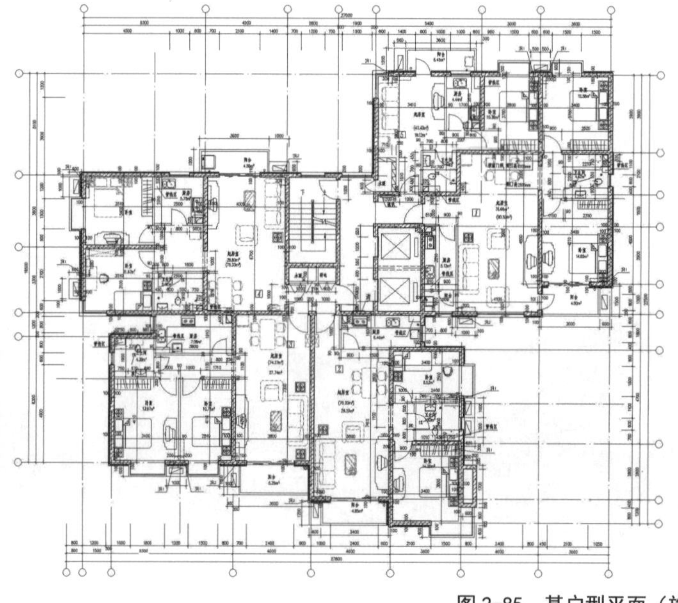

图 2-85　某户型平面（施工图）

的想法，通过这个项目的设计过程，发生了重大的转变，开始慢慢意识到了除了学习建筑专业的大量知识和标准以外，工程进度计划、各专业协调工作、与业主的沟通能力等对大型项目设计的重要性。西马小区的设计过程为我后来成为一名工程主持人以及项目设计的顺利进行，打下了扎实的基础，做好了准备（图 2-87）。

图 2-86　保留的手稿

图 2-87　实景照片

第一次实践工程主持人
——北京金融街北丰 BCD 写字楼

这是我第一次担当工程主持人的设计项目。

图 2-88　初次确认的方案

这个项目经由顾群总建筑师推荐、孙国锋院长审批后，由我担当工程主持人，并由林琳总建筑师担当技术支持，“扶上马，送一程”，心中油然而生感激之情。

项目经历了两次初步设计、两次施工图设计、一次方案设计的过程，历时近两年（图 2-88、图 2-89）。项目接手时，方案已经完成。在初步设计和施工图完成后，由于业主的开发意向产生变化，因而重新进行方案设计。这个项目凝聚了我近两年的心血和汗水，回顾当初我绘制的第一版方案，有幸每一根轴线的位置都没有太大变化，并成为现在建成的基础。每次看到它时，都感觉像自己的长子，心情难以言表（图 2-90）。

项目的位置极其重要，位于北京西二环金融街区，与全国政协礼堂相对（图 2-91）。由于地处寸土寸金的地段，设计反复很多次在所难免。地下室由最初的 3 层，经过两次修改，成为现在的 5 层，而地上部分却只有 16 层。尽管项目的功能相对单一，但由于是大型（12 万平方米）单栋的高档办公楼，因而对结构和设备的要求极其严格。为减少对使用的影响，各类管线的交叉极其复杂（图 2-92）。

通过这个项目的设计，从林总的工作上学到很多经验，至今仍然屡试不爽。记得有一次周日加班，我在审查本项目其他设计人绘制的报批图纸时，发现了一些问题，用刀片刮掉硫酸纸上的错误

图 2-89　最终确认的方案

并进行修改，林总看到后，语重心长地对我说："你的这种工作方式是有问题的。尽管你来修改我很放心，但是，这样做，一方面，别人对你有依赖感，总觉得由你把最后一道关，而造成其责任心下降；另一方面，将大量时间放在修改工作上，就会耽误你参与的其他项目的进度。所以，不要什么事情都自己把持着而不相信别人，发现问题后应该让设计人自己修改，一来可以提高设计人自己的业务水平，二来为年轻人提供发展的空间，使他们觉得受到重视，责任心增强才能使年轻人迅速提高水平，同时，年轻人会更加感激你为他们提供更多的学习和提高的机会。"一席话使我意识到工程主持人的任务不仅仅是对工程项目本身负责，还应肩负努力培养年轻建筑师的责任。

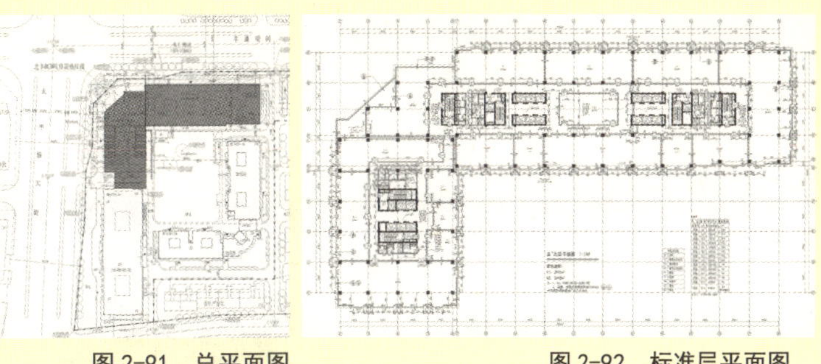

图 2-91　总平面图　　图 2-92　标准层平面图

林总与业主的沟通能力以及对项目的有条不紊的控制能力也给我留下了深刻的印象，从而使我意识到工程主持人必须具备综合素质，才能驾驭复杂工程项目的设计工作。建筑师是一个"修行在个人"的职业，但更关键的是必须有"师傅领进门"的条件，我很幸运！

经过这个项目的磨炼，感觉自己在建筑设计的全盘理解上有了一个"质"的变化。

图 2-90
实景照片

第一次设计大型医疗综合建筑
——东营市人民医院综合病房楼

第一次参与大型医疗建筑综合体的设计，感觉到医疗建筑是一个工艺性要求非常严格的建筑类型，除了应该掌握建筑设计常规的做法和各类复杂流线的分析外，还应对大型医疗器械的特点、医务工作人员的工作特点、患者行为和心理的特点等有所了解，并将其融入到建筑设计中去，才能使医疗建筑的使用更为合理和通畅，因而医疗建筑设计是一门跨越多学科的综合设计类型。

从东营市人民医院综合病房楼项目的设计中（图 2-93~ 图 2-95）了解到了门诊部、医技部、住院部、手术部、中心供应等医疗建筑相关部门的功能设置和流线分布。医患分流、洁污分流、门诊与住院分流等复杂流线的分析和布置，急诊、儿科门诊、肠道门诊等特殊部门

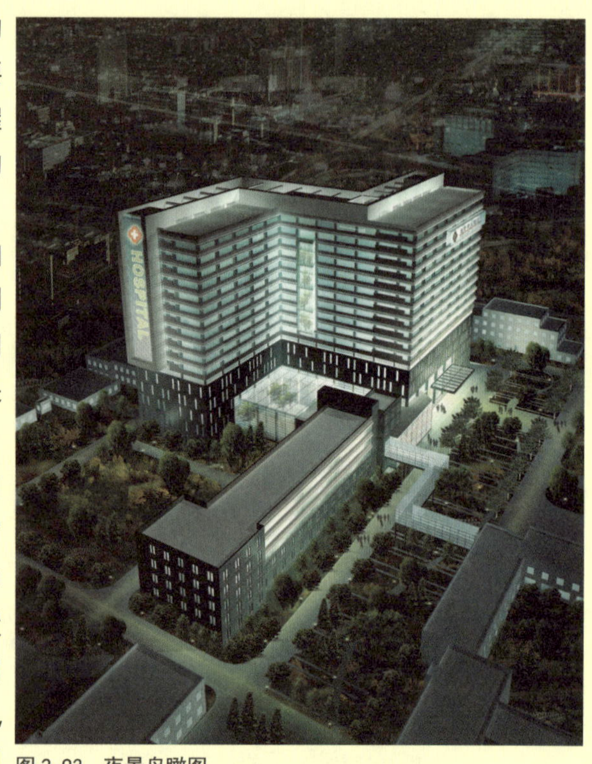

图 2-93　夜景鸟瞰图

图 2-94　建筑形象给人以清洁明快的感觉

的单独设置，使得医疗建筑设计的复杂程度远远大于一般功能单一的建筑，特别是对于行动不便的病人，展开人性化设计更是难上加难(图2-96)。

该方案设计注重医疗功能的合理规划与配置，充分利用原有资源，为医患创造人性化医疗空间与环境，体现以人为本的设计思想。同时，对旧有建筑进行了重新整合，保证现有医院的经营，为医院的发展扩建留有合理空间，遵循可持续发展的设计理念（图2-97）。设计过程也对目前国内大部分医院亟待解决的改扩建问题进行了深层的研究，为扩建时不影响现有功能的使用及建设程序作出初步的探索。

目前我国的医疗建筑设计水平与世界发达国家相比，相去甚远。原因是多方面的，其中，医疗建筑的建设量巨大、多数建筑师对医疗建筑设计的不专业这两大因素严重制约了我国医疗建筑设计水平，因而提高整体水平任重而道远。

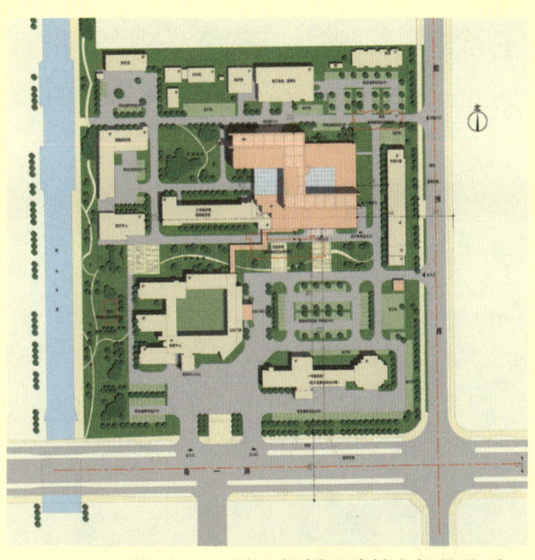

图2-97　处理好新旧建筑之间的关系以确保医院在建设中正常运行

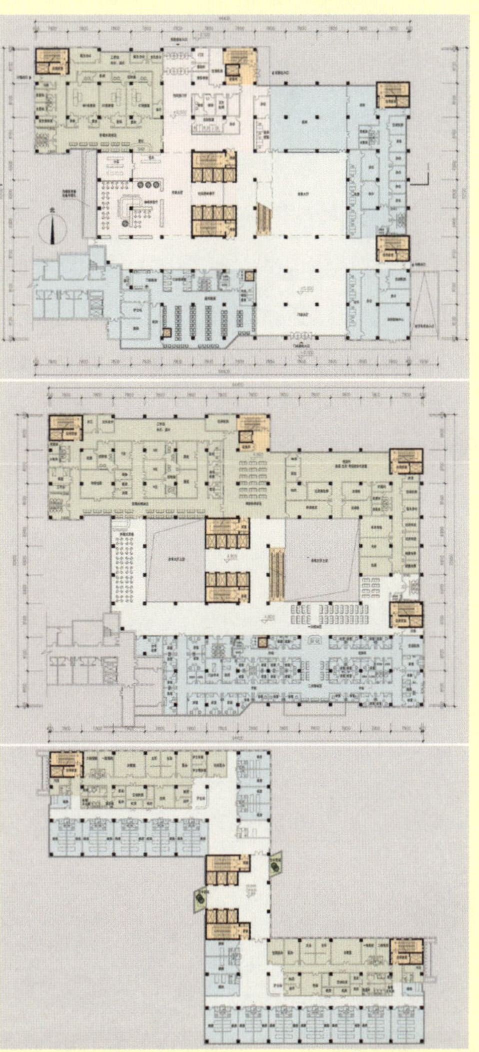

图2-96　各类流线的组织成为医疗建筑设计的重中之重

图2-95　不同角度建筑方案外观

生态概念融入建筑设计
——北京市海淀文化艺术中心

图 2-98　建筑立面形象突破常规设计手法

海淀文化艺术中心集剧场、音乐厅、多厅影院、文化商务、休闲娱乐等多种功能于一体。

方案以“生态节能”为切入点，根据周边环境及地形特点，将建筑的“第五立面”（屋面）充分利用，自南向北形成多变的植草坡地，使建筑与自然环境充分结合，为周围居民提供了室外绿化活动空间（图 2-98、图 2-99）。建筑形式力求多变和创新，塑造较为前卫的形象，以体现海淀环保科技园的特色（图 2-100~ 图 2-102）。方案获得部分业主的认可，而另一部分业主则认为方案创意和理念过于“激进”，最终未被采纳。

生态节能的观点已经深入到各行各业，建筑师肩负着同样的责任。如何将生态节能和可持续发展的理念融入到建筑中去，而不是简单地喊喊口号，是需要在设计中认真思考的问题。节

图 2-99　为建筑注入动态简洁的元素

图 2-100　绿色生态理念融入建筑每个细节

能材料的应用、构造措施的设计成为建筑师常用的手法，然而有些节能材料生产的不节能和构造措施施工带来的浪费却无人过问。生态节能是一项系统化的工程，需要各行各业相互衔接来共同完成。

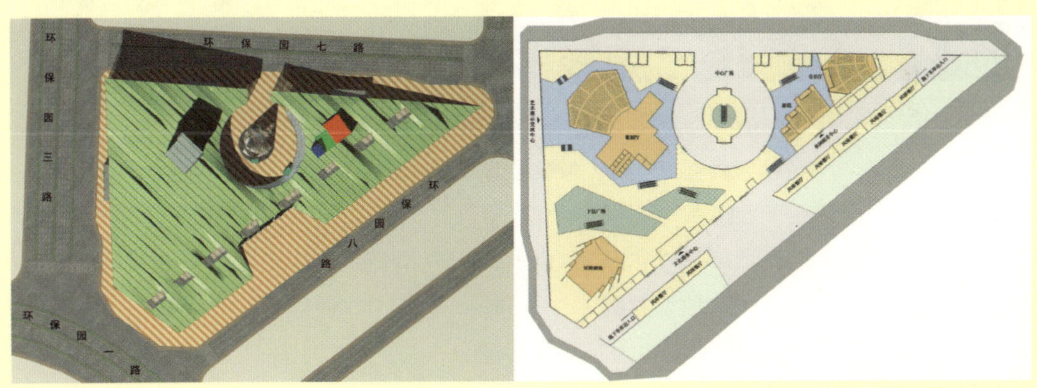

图 2-101　总平面与首层平面图

图 2-102　建筑西立面图

与境外设计公司的合作

——烟台佳世客购物中心

中弘北京像素 1 号地

烟台佳世客购物中心：第一次与境外设计公司合作的工程项目（图 2-103、图 2-104）。通过烟台佳世客项目的设计，获得两点心得。

图 2-103　项目位于烟台莱山区新城市中心

首先，在设计中有幸与参与“鸟巢”钢结构设计的胡天兵（硕导）和申林（博士）合作，认识到了钢结构形式在商业建筑中应用的特点（图 2-105、图 2-106）。钢结构建筑施工速度快，柱子截面比混凝土建筑形式的小很多，有利于增加商业建筑的有效使用面积，提高商业价值，特别是对于大跨度空间，更加展现其优点。但是，钢结构建筑的防火要求比较高，对各类防火涂料和防火板的特性和耐火极限必须了解，特别是对于大量人流集中的公共建筑，更应严格要求，同时在装修时要考虑对主体结构的影响（图 2-107）。

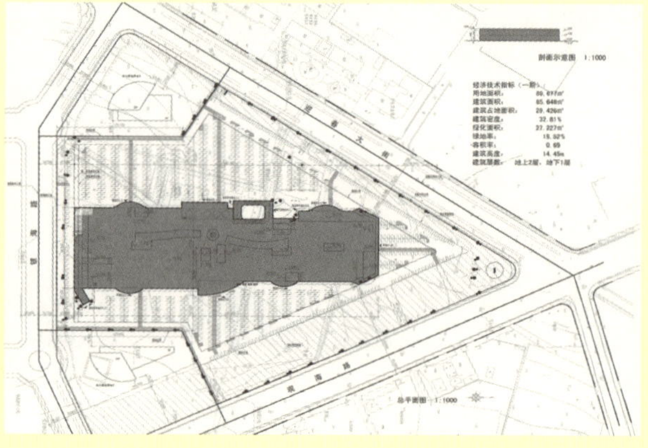

图 2-104　足够的停车空间是大型购物中心必备的条件

其次，在与进行方案设计的某日本公司的合作中，对于日本人有了重新的

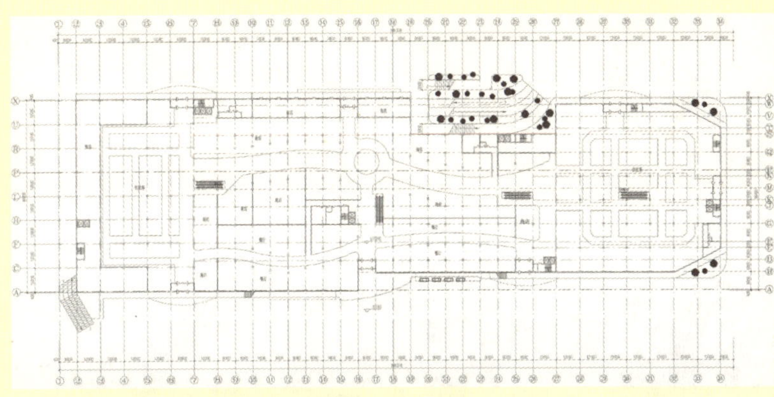
图 2-105　钢结构柱截面较小，有效增加营业面积

认识。日本工业产品的人性化设计非常到位，令全世界使用者称奇，但是日本人工作态度的认真程度到了“令人发指”的地步，上下级关系等级森严，甚至下级抱病也必须完成上级指派的工作。我没有“反日”情结，但对于日本公司毫无人情味的工作方式，实在不敢恭维。两年后与另外一家日本设计公司的合作，使我的判断再次得到印证。

图 2-106
南北两侧立面形象

图 2-107　实景照片（由杨钒提供）

中弘北京像素 1 号地（图 2-108~ 图 2-110）：这个项目是和日本设计公司的“第二次握手”。在多轮向业主汇报方案的时候，看到几个年轻的日本设计师的眼睛强忍着睁开，才知道他们为赶制图纸，每次都三天两宿没合眼，使我感觉到了日本设计公司的“敬业精神”和“等级森严”以及对日本公司设计员工的同情。

图 2-108　北京像素鸟瞰图

21 世纪初的国外设计公司，特别是发达国家的设计公司，由于本国的建设项目趋于饱和，向中国大陆这个高速发展的“大工地”蜂拥而至，再加上中国房地产业主盲目地“炒作概念”和“崇洋媚外”，致使很多水平一般的境外设计公司鱼目混珠，为业主带来了性价比很低的设计作品。近几年来，开发商和业主在用大量金钱换来的教训面前，开始有所醒悟，渐渐相信本土建筑师的能力了。

图 2-109　沿街效果图（一）

其实，国外知名设计公司，特别是“百年老店”，自然有他生存的实力和原因，因而中国业主采用那些高水平的境外设计方案，不但利己，而且有利于提高整个国内的设计水平。有些设计公司却不负责任地将

图 2-110　沿街效果图（二）

中国的项目作为自己的“试验田”和纪念碑，既给业主造成投资浪费，又误导中国本土建筑师的设计发展方向（以上为个人观点）。

在此项目设计过程中，强烈感觉到“试验”性质的存在。建筑立面中，里出外进的“抽屉式”风格本无可厚非，特别是对于小型建筑来说，很能体现出设计的个性特点（图 2-111）。但是，对于大型的项目来说，仍然生搬硬套地采用此类方法，实在不敢苟同。施工图设计中一个平面极其简单的建筑单体，却需要 17 个剖面才能将问题解释清楚。方案设计的复杂相应带来施工的难度，同时方案设计公司对建筑竣工使用后有可能产生的保温脱落、屋面漏水、排水堵塞、管线维修等问题不予考虑，尽管作为施工图设计公司多次提出改善的建议，日本设计公司仍然一意孤行，不予采纳。虽然对于将来的使用者来说没有太多问题，但是内心难免产生国内开发公司被国外光环所愚弄的感觉。

图 2-111　“抽屉式”的建筑处理手法

问题是否会出现已经不需要争论，只要时间来检验即可，对于这个项目方案设计的优劣与否，还将拭目以待（图 2-112）。

从米开朗琪罗、拉斐尔设计圣彼得大教堂，贝聿铭设计卢佛尔宫扩建工程等都可以看出，在国外，建筑师是一个非常受尊重的职业。目前，在设计理念和设计感知上，国内的建筑师与国外的建筑师相比，特别是与国外明星建筑师相比，还存在着很大的差距。这与建筑历史、发展环境、教育体制等都有直接的关系，但是这种差距正在随着整个国家的进步以及大量留学建筑师的回归而逐渐缩小。

从另一个角度看，由于本土建筑师一直致力于本国的建筑设计，对于国情和民情更加了解，特别是本土建筑师幸运地经过国家高速发展过程中大量建设项目的洗礼，这些实战性的经验是国外建筑师所无法比拟的，毕竟国外，特别是发达国家的建设量少得可怜，可供建筑师将纸上作品付诸实施的机会更是可遇不可求，大多停留在纸上谈兵的状态。因而聪明的业主会将国外建筑师的设计概念和理念与中国建筑师的设计实践经验相结合，这样才能得到强强组合后的满意成果，任听一方的固执意见都会事与愿违。

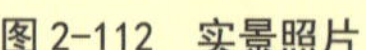
图 2-112　实景照片

商务标不容忽视
——外交部新闻领事中心综合办公楼

方案以技术标第一名的成绩入围，但是由于对商务标疏忽和没有足够重视而最终失败，未能按方案实施。

图 2-113　沿东二环主立面形象（效果图）

项目位于外交部和司法部办公楼之间，建筑主立面面向东二环，以展现外交部新闻领事中心的形象，并形成连续的城市空间（图 2-113）。为避免与司法部之间的阳光遮挡和对视问题，建筑主体布置成“L”形（图 2-114）。建筑在西北两侧采用完整造型，体现外交部作为政府重要对外部门的庄重风貌；在相对内向的东南两侧采用透空的较为灵活的造型，以便配合内部变化丰富的空间和空中庭院，创造出舒适宜人的工作和交流场所，展现外交部作为对外沟通平台

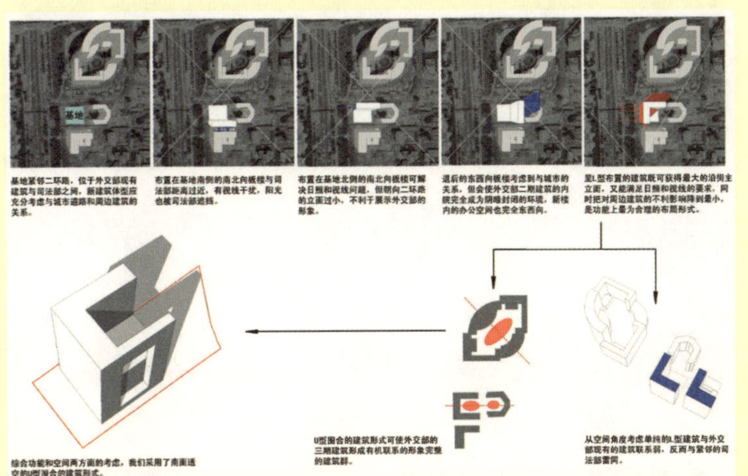

图 2-114　建筑布局分析图

图 2-115　建筑内侧空中庭院（模型照片）

的开放性（图 2-115）。

作为新办公楼主立面，西立面采用中轴对称的形式，端庄稳重，整体形象大气简洁，体现出中国的大国之风。入口及顶部的处理使整栋建筑更显威严。透光的格栅陶瓷板材料呈现新的符号语言，取意于中国唐代质朴的建筑风格，含蓄地表达出中国沉稳内敛的传统气质，在精神上与传统文化一脉相承，而不仅仅是形似。背后隐约透出的方窗把新办公楼和外交部现有建筑融为一体，体现外交部办公楼的延续性，西立面的处理在考虑与外交部现有建筑融合的同时也考虑到与司法部办公楼的协调，采取了与司法部呼应的形式，但在材料和细节做法上求变化。在统一大方的格调下又富于变化的细部设计，使整个外部形象端庄而不呆板（图 2-116）。

北立面在沿东二环由北向南方向上的可见面积较大，形象仅次于西立面。立面处理延续了西立面完整沉稳的风格，但作为侧立面，打破了中轴对称的格局，并在局部作重点处理，突出了与外交部现有建筑的连接部分，形成了一个位于空中的次入口（图 2-117）。

建筑的内侧空间灵活，体现了内部功能的多样性。立面设计在与整体统一的基础上更具有现代气息，活泼的不对称设计和富于变化的造型，配合丰富的内部空间营造出舒适的办公和举行外事活动的环境，体现出新闻领事司作为对外交流平台的开放性。立面开窗和石材的分割延续外交部现有建筑的做法，与现有建筑成为有机联系的一体。

建筑分为内部员工的办公区和外来人员办理业务的活动区两大区域，避免两股人流的交叉，防止外来人员对内部员工的干扰，同时，外来人员的活动区又按照领事司和新闻司的不同要求分别设置在 3～6 层和 7～10 层，在竖向上予以区分。除 11 层以上为非对外的办公区外，每层的分区原则为：沿周边具有自然采光的房间布置内部员工的办公区，中间大型空间布置外来人员的活动区（图 2-118～图 2-120）。

图 2-116　外交新闻中心与办公大楼自然衔接（效果图）

图 2-117　建筑风格元素是对旧楼的一种延续（效果图）

图 2-118　建筑高层内部设置多个主题中厅

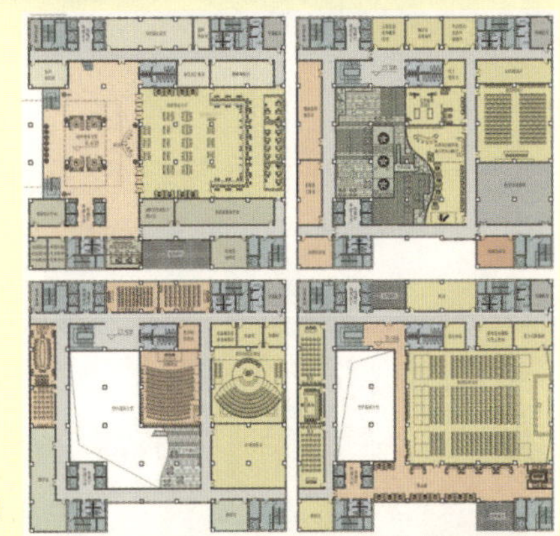

图 2-118
部分平面图

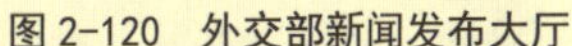

图 2-120　外交部新闻发布大厅

建筑的标志性

——河南安阳金博门世纪城写字楼
烟台金贸中心暨祥隆大厦

“标志性建筑”经常出现于业主交给建筑师的设计任务书中，不论规模大小，甚至几百平方米的建筑都要求设计师做到引人瞩目的、“标志性”的特点。更有甚者，有些业主在严格控制造价、降低用钢含量、限价设计的前提条件下，要求将建筑设计成为整个城市或区域的标志建筑。很多建筑师为此冥思苦想，夜不能寐。

其实，能成为标志性的建筑，自身必须具备相应的条件，比如规模、体量、功能、造价、基地位置等。对于一般性的建筑来说，应注重“个性”和“可识别性”，比那些夸大的“标志性”更能使人接受。特别是办公类建筑，更应注重内部空间的舒适性和使用的方便性。

河南安阳金博门世纪城写字楼：根据业主对方案必须具有标志性特点的要求，经过多轮方案比较，最终赢得业主认可，甚至初步设计没有开始，效果图已经铺天盖地地出现在当地的大街小巷，足以看出业主对方案的满意（图2-121、图2-122）。

图 2-121　大楼未建，已被业主用于多处广告的效果图

图 2-122　高层办公与多层商业形成对比

项目由两栋高层写字楼和三层商业裙房组成。建筑形体采用双子塔成“L”形布局的形式。外表皮采用双层玻璃呼吸式幕墙，其中外层玻璃采用不规则折板形式表现，既充满张力又不乏动感。匀质中带有变化的立面设计使整体造型大方而不拘谨，鲜明独特的形象成为城市中最易识别的地标（图 2-123、图 2-124）。

图 2-123　方案推敲过程分析图

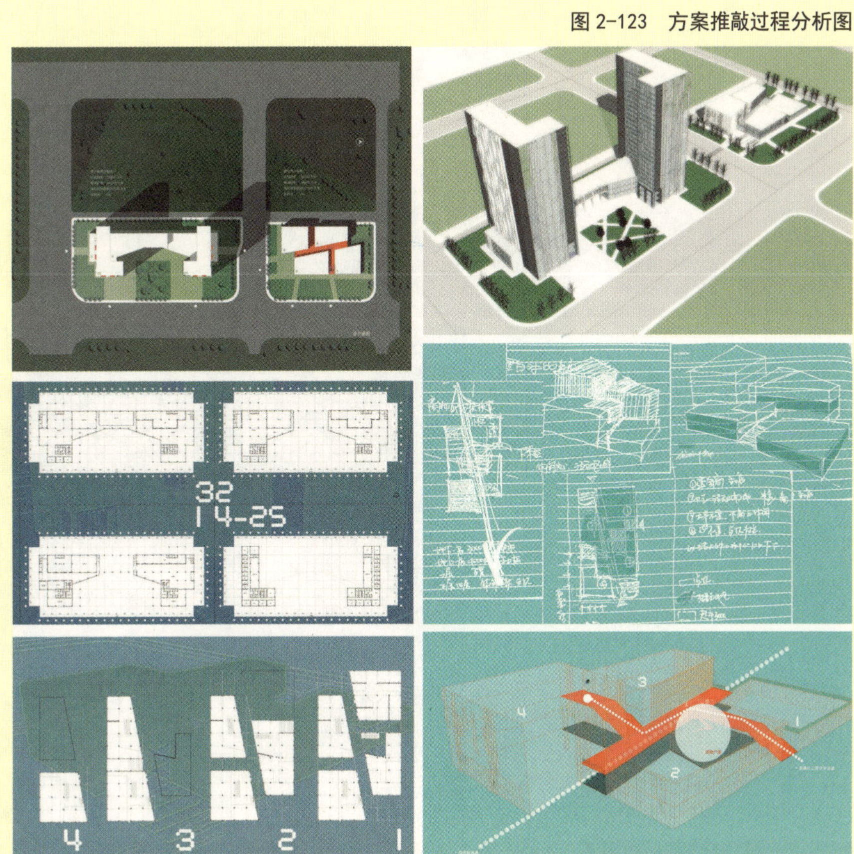

最终由于业主土建投资控制的局限性，使得建筑简化成单纯玻璃幕的形式。有时，没有银子，“标志性建筑”的理想是实现不了的（图 2-125、图 2-126）。

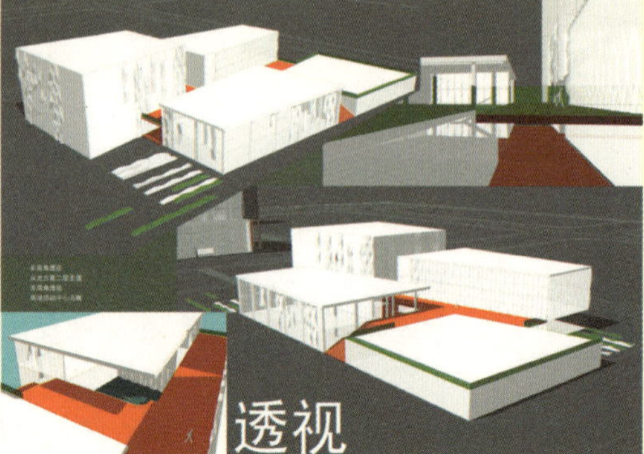

图 2-124　建筑细部推敲过程分析图

图 2-125
最终用于实施的方案——
朴素的建筑形象有时更能体现
建筑含蓄、深邃的性格，
反而比标新立异的建筑形式
更能与城市融合

图 2-126
写字楼夜景照明效果——
建筑设计如时装设计，
有时含有时尚和过时的因素，
而经典的形式（如牛仔裤一样）
则更容易被大家接受

图 2-127　建筑形式遵循烟台莱山迎春大街规划的整体思路

烟台金贸中心暨祥隆大厦：项目设计根据业主要求，使大厦成为古典风格的区域标志性建筑，细节部分经历多次调整，而整体骨架未变，建成后的体量关系也基本反映了最初的设计构想（图 2-127）。

方案采用双塔形式的简洁方形体量，根据地形稍许错动，形成更为活泼的城市围合形态，对北面的圆形城市公园呈向心环抱状，对城市充分舒展（图 2-128）。中轴对称的裙房布置

图 2-128
建筑布局对城市公园
呈现向心环抱状

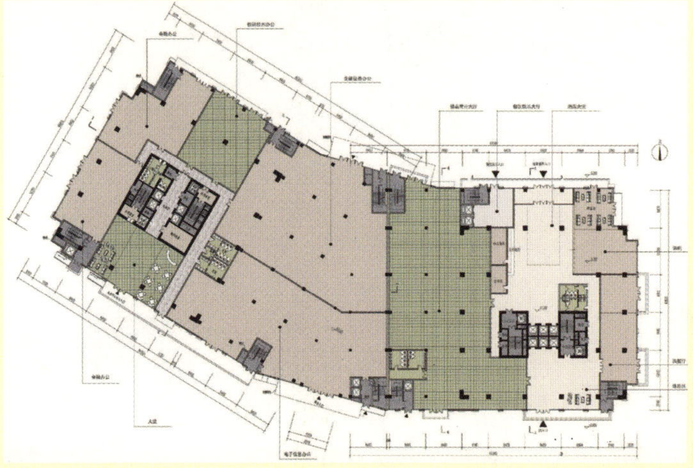

图 2-129
首层平面图
室内步行街将北侧城市公园
与南侧金融商业中心
有机连接

大中型集中商业，南北通透的室内步行街带来活泼的商业氛围，并分别将视线引向规划中的城市花园与商业中心区广场，联系南北城市环境，与未来城市发展相融合（图2-129）。

依据烟台城市特色并遵循早期开埠城市的历史，建筑设计定位于典雅的新古典主义风格，简洁挺拔的主体采用三段式收分的古典手法，结合高耸而富于张力的竖向线条以及退台，聚焦于八边形的塔顶，在阳光下辉映着烟台红屋顶的历史和文化（图2-130、图2-131）。

图2-130
沿迎春大街一侧的
新古典建筑形象（效果图）

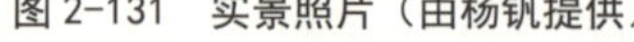

图2-131　实景照片（由杨钒提供）

现实与理想的差距
——辽宁兴城海星温泉度假村

辽宁兴城海星温泉度假村是一个令业主爱不释手的方案（图 2-132），难得！

方案本身考虑的各方因素比较周全，包括设计和非设计的一些因素，在设计过程中与业主进行了多次的意见交流，由于沟通融洽，使得方案最终符合业主意向，但是后来因为市场变化和项目开发策略发生转变而对方案进行了颠覆性的调整。

图 2-132　温泉度假村整体布局图

大部分建筑设计作品的理想与现实存在着差距，而将理想变为现实，有时是建筑师，甚至业主都不能左右的。所以，很多优秀的设计作品能够得以顺利实施并最终展现在人们面前，除了建筑师和业主的共同努力外，还需要有很多外在因素的帮助，或者说存在着很大的运气的成分。这犹如足球运动，多次射门未果，令人遗憾，然而一次中的，却使众人欣喜若狂。

方案设计是在维持生态环境的基础上进行保护性的开发，以大海、温泉、自然景观为生态要素，平衡道路交通系统，建立多层次的公共空间体系，建筑单体注重体量的虚实变化，丰富局部细节，创造了一个布局合理、功能齐备的集旅游、娱乐、餐饮、住宿、会议、商务、文化交流于一体的大型综合旅游服务区（图 2-133）。

图 2-134　水世界娱乐中心

项目由温泉健康水世界休闲娱乐中心（图 2-134）、温泉度假公寓（图 2-135）两部分组成。在建筑形态和布局上，遵循抽象化“规整几何”形式，使高端和流量小的功能性建筑远离干道，营造宁静的自然环境。建筑立面风格以欧美小镇风格为主，以卵石、板岩、木材等纯自然的材料为主，采用水平线条分割立面，结合坡屋顶、立面飘窗以及情景阳台使建筑立面富于变化，整个建筑显得端庄典雅而不失轻盈秀丽。

图 2-133　通过自由的水系将各组群连为一体

图 2-135　温泉入室的度假公寓

进度计划控制的重要性
——济南阳光舜城二区 B 地块

阳光舜城二区项目所在地形起伏较大，标高变化错综复杂，户型种类繁多，对于设计的配合程度要求极高。图纸中涉及的消防、人防、交通、景观、无障碍、车库等内容必须全盘考虑，同时由于建筑规模大、单体建筑数量多、时间紧、任务重，参与的各专业设计人员众多，因而对项目施工图设计的进度和质量的控制难度非常大（图 2-136）。

面对如此众多的问题和不可预见的困难，通过严格的项目设计进度控制和有条不紊的各专业之间的衔接配合，最终按时完成了业主交给的任务。经过当地审查部门对图纸的审核后，获得了业主对项目非常满意的答复（图 2-137~ 图 2-139）。

通过这个项目的设计过程体会到在此类复杂的大型住宅小区项目的设计中，进度计划应该采用设置阶段性目标的方法，每个阶段的顺利完成都是对下一个阶段工作的保证，否则，就会将大

图 2-136　地形呈南高北低走势

图 2-137　住区总体鸟瞰图

图 2-138　单元式小高层住宅

量问题积压，造成最后阶段手忙脚乱、仓促出图的结果。

在按照总体进度计划设计的过程中，各专业负责人应根据整体控制，率领自己的专业团队做好本专业的工作，同时还要协助相关专业设计的顺利进行。将每个阶段出现的问题按时解决，不遗留给下一阶段，最后必定会从容、满意地完成整个项目的设计成果（图 2-140）。

进度计划是一种准备工作，任何成功都来源于准备工作的详细、周密。机遇和成功总是会眷顾有准备的人的。

图 2-139　点式高层住宅

图 2-140　实景照片（由武成永提供）

好事多磨
——北京大红门银泰购物中心

大红门银泰购物中心，又是一个历时近两年的设计项目，又是经历了初设、施工图、方案、初设、施工图这样一个磨人的过程，好在最终获得了满意的结果（图 2-141）。“好事多磨”一定要让建筑师拿出足够的耐心、时间和实践去检验吗？

图 2-141　最终确认实施的方案设计立面效果图

最初，我已经意识到香港建筑师的方案存在着严重缺陷，但是伴随着意见被否定的无奈，开始了第一遍施工图设计。图纸设计刚刚结束时，就被项目的使用者全盘否定。怀着对项目的执著和热爱，默默地开始了方案重来的第一笔草图，也许是年龄大了，也许真的是经历多了。第一版方案即因满足商业的使用要求而被宣布通过，看到最终建好的“大楼”与第一张草图相差无几时，心中不知是什么滋味，只觉得这个项目好似我的长女……

项目的难度超乎想象，地下三层是汽车库，地下二层是部分车库加部分商业，并且与北京地铁 10 号线直接衔接，地下一层至地上三层是商业，地上四、五层是时尚餐饮，六层是华谊兄弟影城。好在设计团队的技术过硬，配合默契，使得困难在精诚团结面前显得那么渺小，整个过程伴随着疲惫、辛苦而又愉快的心情，设计的最终结果成为每个设计人员引以为豪的经历和值得怀念的回忆（更多商业设计理念和思路请详见“十年心得”之：商业元素对商业建筑设计的影响）。

去餐馆吃饭，只要菜没有变质，口味不符也得买单。建筑师要把劳动报酬放在一边，先上个八大菜系和西餐大全，免费让业主尝尝新鲜再说。上面是选出来的部分方案设计的效果图（图 2-142），下面是最终能买单的方案和建成后的照片（图 2-143）。

图 2-142
立面方案设计过程中
挑选出来的部分效果图

图 2-143　实景照片

难忘的设计
——四川省什邡市红白镇政府办公楼

那场全体中国人不愿提起而又必须勇敢面对的“5.12”大灾难，检验了国人“众志成城”和“永不言败”的精神。自己为灾后重建工作尽一份力，责无旁贷。

初次进入红白镇，看到一片片废墟和残垣断壁时，感觉到人类在大自然面前的脆弱和渺小以及大地震对灾区同胞的无情。举国上下伸出援助之手，帮助灾区人民重建家园，又使我深感人间处处是真情。再后来，几次去红白镇的路途中，被眼前的建设速度所震撼，包括建筑师在内的各行各业的建设者们，在这样短的时间内将灾区恢复原貌，甚至比震前更加美丽，不能不说是一个奇迹。

红白镇政府办公楼的设计是我从业以来参与的惟一一个几乎没有被业主修改过而最终得以实施的方案设计，难得顺利的设计过程（图 2-144）。业主对规划师和建筑师的信任和尊重在红白镇建设中得以充分体现，也正因此，深感自己责任的重大，因而在设计中事无巨细地关心着图纸上的每一个细部和节点（图 2-145）。最后，在各方面合作者的共同努力下，使得整个镇区面貌焕然一新，形成了红白镇幽静的、独特的建筑风格，并最终获得“支援灾区优秀灾后重建规划设计一等奖”。

图 2-144
方案设计与建筑最终实施的效果相差无几，只是对建筑细部的施工质量感觉有遗憾

镇政府办公楼方案设计在投资额度受限的条件下，根据当地传统建筑特色和红白镇镇区规划整体思路，因地制宜，就地取材，力求恢复灾区震前田园般宁静的生活氛围（图 2-146）（更多设计笔记请详见“十年心得”之：栉风沐雨 涅槃重生）。

图 2-145　方案设计鸟瞰图

图 2-146　实景照片（由宋兵提供）

建筑师的无奈
——三亚市游客到访中心

三亚市游客到访中心的设计过程是我企盼以后不再经历的设计过程！

首轮设计方案由刘光亚先生先执牛耳，在方案汇报中已无可争议的实力赢得专家和评委的首肯，并被宣布为中标方案。后来，当地某位领导不知为何原因坚决予以否认，并根据自己对这个项目的理解提出多个设计思路，要求我们再设计两个方案。我们严格遵循要求，将领导的意愿融入到设计中去，并最终完全达到了要求，然而做完的方案却如石沉大海，几年时间过去了，时至今日，这位领导不知为何仍然拒绝审阅方案。现在将领导让重新设计而又未看一眼的两个方案拿到这里"晒晒"吧。

图 2-147　项目用地总平面图

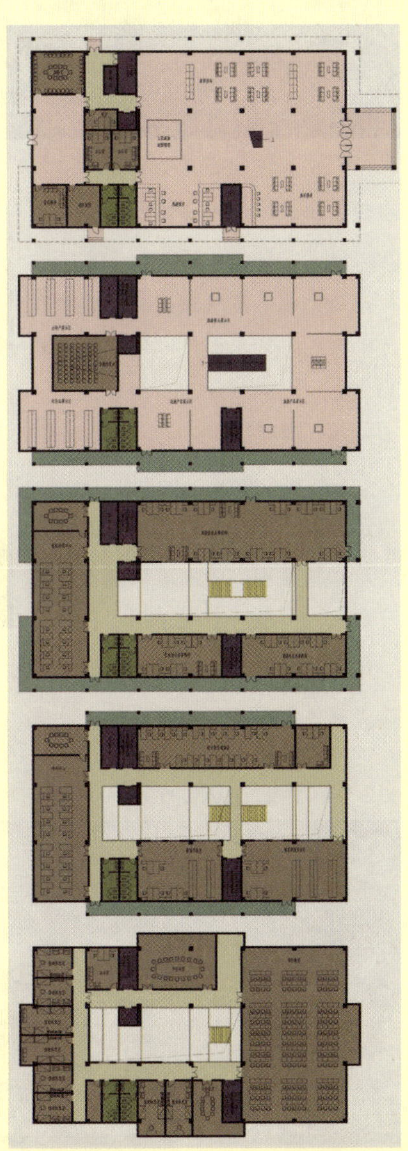

图 2-148　各层平面图

因为用地较为紧张，建筑主体居中布置，东北方向布置车辆和人行通道并设置疏散广场（图 2-147）。游客入口位于东侧，投诉人员入口设于西侧，办公人员入口设于北侧，沿建筑主体设置道路，避免不同人流发生交叉。南北两侧均与城市道路相邻，之间布置城市绿化隔离带。建筑内部形成生态绿化核，与室外绿化庭院相互渗透，充分融合，形成统一的绿化系统。建筑景观和自然景观形成点、线、面的城市景观，使建筑与景观融为一体（图 2-148）。

方案一的立面设计采用传统的坡屋顶和挑空外廊的建筑形式，体现海南自然和文化的特征（图 2-149、图 2-150）。坡屋顶采用层层跌落的形式，并与凸出

图 2-150　建筑形象充分体现热带雨林中的黎族风情

图 2-149　方案一主入口透视

墙面的外廊形成通透流动的空间，给人以轻灵飘逸的感觉。立面细部是对当地黎族建筑风格加以归纳提炼，形成符号，并用现代建筑材料加以体现。红色坡屋顶与白色涂料墙面形成强烈对比，与三亚的蓝天、白云、绿树、沙滩、大海融为一体，用浅黄色勾勒建筑线脚，使外立面效果更为精细，形成有机生长的建筑形式。

方案二的立面整体采用简单的几何构图形式，通过可转动的格栅和百叶的运用，使建筑形成丰富的韵律感，并通过钢、玻璃等现代建筑材料与传统的白色涂料墙面形成激烈碰撞。将崭新的科技理念融入到建筑设计中去，体现现代感强烈的建筑风格，突出与当地建筑风格完全不同的建筑形象，从众多形象类似的建筑中脱颖而出（图 2-151、图 2-152）。

图 2-151　方案二主入口透视

建筑节能设计中考虑外廊的设计形式，形成减噪隔离带，可以降低两侧道路车辆噪声对建筑的影响，同时还起到遮阳作用。中庭的

图 2-152　现代建筑建筑风格的镂空处理手法符合热带地区建筑通透的要求

设计，形成烟囱效应，热空气比重轻，自然上升，通过屋顶天窗散发，从而使冷空气从一、二层外窗流入，可以做到一、二层完全不使用空调，从而实现节能减排的目的。中庭的绿化设计，形成建筑内部生态核，可以调节建筑室内的温度，减少空调用量，达到节能的效果。建筑形体和结构柱网简洁，以方便标准化建筑施工为前提，从而显著降低了土建施工的成本，减少了施工难度，提高了施工速度（图 2-153、图 2-154）。

图 2-153　剖透视图

图 2-154　建筑节能设计分析图

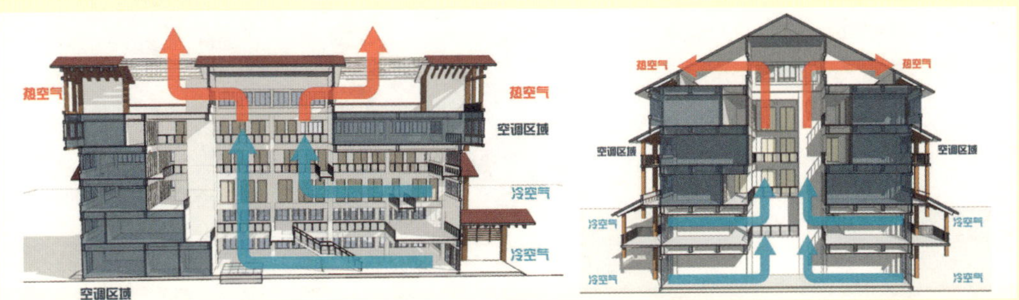

大型住区分期实施的优点
——哈西住宅小区规划

大型居住社区的开发建设，面临着完成后形成统一的整体形象和分期开发时独成体系之间的矛盾。所以，规划设计阶段如何解决它们的冲突，将成为首要解决的问题。

哈西住宅小区方案规划设计从区域空间和分期建设出发，将用地均分成五个区级组团（图2-155）。每个组团用地相仿，并且相对封闭独立，既可以相互联系，又自成体系，其优势主要表现为：

1. 组团之间相对独立，既可以方便小区的管理，避免外来人员的干扰，提高居住质量，又可以融洽邻里关系，增进小区住户之间的交流与联系。

2. 区域之间大小均等，从城市空间形象上避免了过于庞大而失去人的生活尺度，从而增强了可识别性和亲切性。

3. 东西两处用地通过两条斜向的道路分割，形成向心性，并在居住区中心形成社区中心，可以建设区内标志性建筑，形成品牌效应，使哈市居民提到标志性建筑即可联想到本小区的位置和形象（图2-156）。

4. 斜向道路又将五个组团融为一体，形成不可分割的部分。任何两个组团的先期建设又都可以形成整体效应，迅速提升小区知名度，为后期开发奠定坚实基础，同时将东南侧拆迁量大的部分单独设为一个组团，便于整体建设（图2-157）。

5. 组团相对独立，便于分期开发，使后期开发的施工阶段对前期业主日常生活的影响降到最低，同时便于资金能良好回笼和滚动开发。

一期组团内含有商业、公寓、塔式住宅、单元式住宅，并将销售中心设于此处（图2-158）。先期开发可以自成体系，形成独立的环境，完整的形象为后期的开发做好了铺垫。

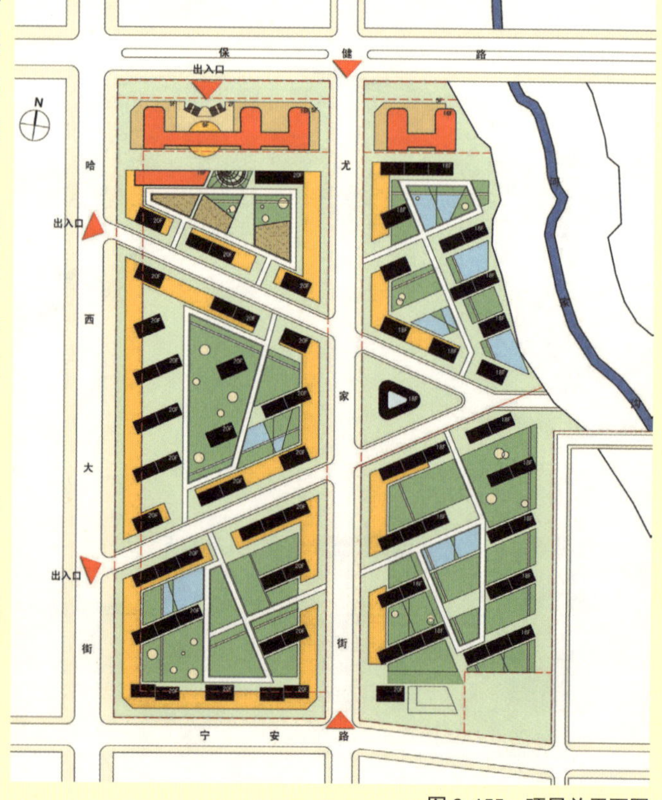

图2-155　项目总平面图

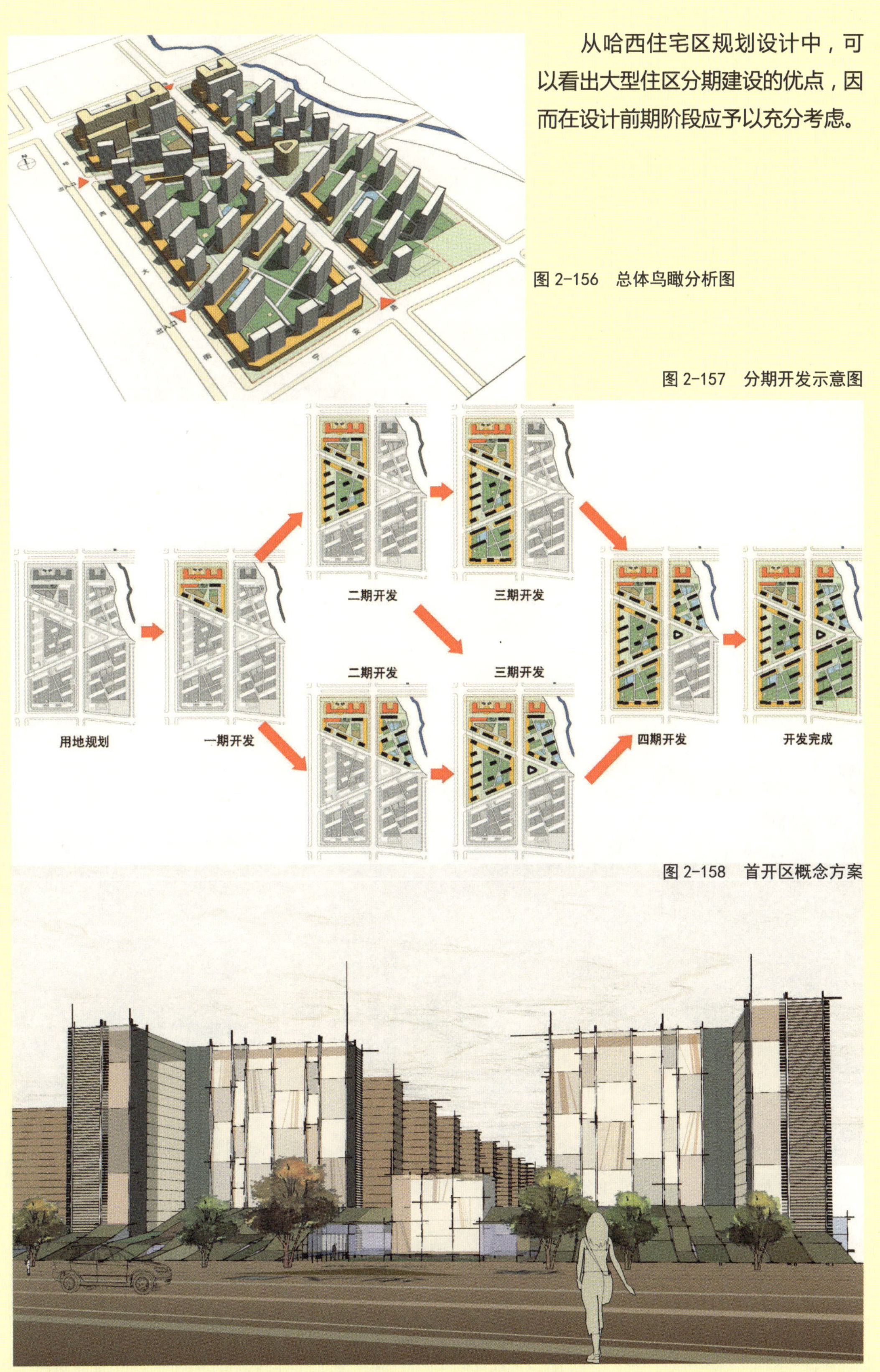

从哈西住宅区规划设计中，可以看出大型住区分期建设的优点，因而在设计前期阶段应予以充分考虑。

图 2-156　总体鸟瞰分析图

图 2-157　分期开发示意图

图 2-158　首开区概念方案

品牌地产公司的与众不同
——天津保利玫瑰湾 B 地块

从业多年以来，感觉由于房地产项目的开发和建设头绪烦琐，各地政府部门的要求和条文随着时代的发展不断变化，难免使房地产公司的项目管理工作出现混乱状态。在房地产公司一些业主和朋友的反馈中了解到，中、小型房地产公司因为技术力量不够，各部门职、权、责不清，因而工作衔接混乱，相互推卸责任的状况时有发生。再加上项目开发数量不多，形不成品牌规模，所以多数房地产公司的许多规章制度不完善，缺乏执行力，无形中造成很多重复性、无用性的工作。

对于大型地产公司来说，尽管有的公司存在“店大欺客”和部分员工自以为是、冒充专家的现象，但是由于经历了常年的磨合，已经

图 2-159　项目总平面图

图 2-160　沿街整体形象

形成一套成型的管理模式和规章制度，在项目的前期策划、规划设计、政府报批、施工组织管理、市场营销等方面，拥有众多专业性人才，能够使各阶段工作相互衔接。因而对于设计公司的设计阶段和进度比较了解，能够减少磨合期，很快进入良好的沟通与配合的阶段，特别是一些品牌地产公司，形成自己的一套完善的设计和施工指导措施，以保障项目顺利地推进。

从天津保利玫瑰湾 B 地块项目的设计过程(图2-159～图2-163)可以看出，类似保利、万科、绿地等品牌公司作为大型地产公司，工作效率高、目的性强，使得设计工作能较为顺利地进行。

图 2-162　营销中心分析图

图 2-161　沿河整体形象

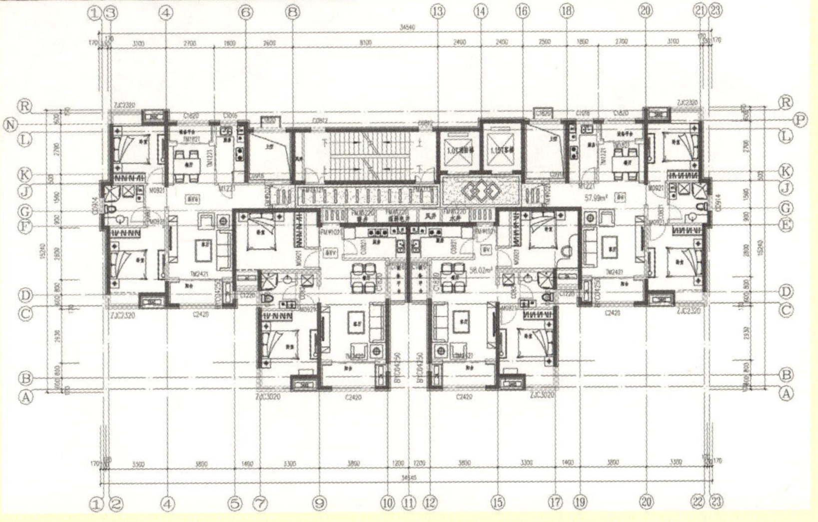

图 2-163
标准层单元平面图

在古都做设计

——北京升旗宾馆

在历史文化古都做设计，是一件非常敏感的事情。

北京升旗宾馆位于天门广场东南侧，北侧与京奉铁路正阳门东车站旧址（北京铁路博物馆）只有一墙之隔，地理位置极其重要（图2-164）。根据业主要求，对升旗宾馆进行立面改造设计。

图 2-164　项目区位图

由于升旗宾馆主入口面对正阳门箭楼，且与正阳门东车站连为一体，如何与历史文物保护建筑进行衔接，成为设计开始前必须研究的课题。根据各国的此类与历史建筑衔接的设计手法，从历史的延续、渐变、更新的角度，为业主提供了三个立面设计方案。

方案一：历史的延续（图 2-165）。依据：清华大学图书馆新馆（关肇邺设计）与 1919 年（墨菲设计）及 1931 年（杨廷宝设计）两次建成的老图书馆连成一体，新馆设计遵循“尊重历史，尊重环境”的原则，使新旧建筑融为一体。在建筑风格上保持清华园原有的特色，赋予历史的延续性。升旗宾馆以此为依据，在立面设计上采用与正阳门东车站相同的处理手法，使建筑得以延续并成为一个整体。

方案二：历史的渐变（图 2-166）。依据：英国国家美术馆是建于 1538 年的新古典主义风格建筑，建筑大师罗伯特•文丘里 1991 年设计的英国国家美术馆扩建工程与老馆西侧相邻，以一些富有创造性的手法来代替各种古典建筑的法则，使旧美术馆立面上的线脚和细节逐渐消失于新建

图 2-165　历史的延续

图 2-166　历史的渐变

筑的构图结尾。升旗宾馆以此为依据，将正阳门东车站立面细节加以提炼、简化，既尊重原有建筑的风格，又赋予时代发展的新意。

方案三：历史的更新（图 2-167）。依据：纽约现代艺术博物馆，1939 年由建筑师菲利浦·葛文和爱德华·斯顿设计，外观具有典型国际风格的水平与垂直线条。1948 年，由建筑师西萨佩里增修博物馆的外观，2004 年，日本建筑师谷口吉生设计的新馆与旧馆完全整合。整片玻璃落地窗和花岗石墙的外观，简约内敛、沉静稳重，是一件充满对旧艺术建筑的挑战的建筑作品。升旗宾馆以此为依据，通过现代建筑材料和设计手法的应用，与正阳门东车站形成鲜明的对比，营造了历史印记清晰的建筑风格。

图 2-167　历史的更新

身先士卒
——西安临潼湿地公园 A、B 地块餐饮娱乐建筑

在与很多同龄建筑师沟通时，发现一个普遍存在的现象，就是由于从业经历和经验的增加，很多中年建筑师开始从设计的最前沿渐渐后撤，最明显的例子就是经常听到"现在不画图了，主要勾勾草图和做做指导性工作"。对于这种"多年媳妇熬成婆"的观点，我内心实在不敢苟同。

一个外科医生，如果因为手术技术的高超而退居完全的指导角色，不去站在手术台的最前沿主刀手术，那么，随着时间的推移和新技术的发展，会因为对新技术的不了解和应变能力的下降，而再次拿起手术刀时，"手发颤"的现象将不可避免。也正因此，至今我仍然坚持有些项目要亲自上手，包括最基本的 CAD、Photoshop、SketchUp 设计制图。尽管各种各样分心和牵扯精力的事情越来越多，造成自己制图的时间越来越少，但是我仍然坚信不放弃设计制图，哪怕挤出一点点时间参与这些基础工作，就不会被新技术和新理念所淘汰，也一定能跟上时代发展的脚步。

电视剧《亮剑》中的八路军独立团团长李云龙是一个身先士卒的典范。尽管枪法不是最准，武艺不是最好，但是每次战斗中，他总是能以最危险的角色（机枪手）冲在部队的最前沿，使得部队所有官兵面对这样的领导，早已将生死置之度外而奋勇冲锋。这样的部队想不打胜仗都很难。

身先士卒，既能使自己的技术跟上时代的步伐，又能增强设计团队的凝聚力，对于中年建筑师来说，其作用和责任不容忽视。西安临潼湿地公园 A、B 地块餐饮娱乐建筑项目的设计是我身先士卒的一个作品，已经不属于建筑十年的时间范畴，权当下一个十年的开篇之作吧（图 2-168 ~图 2-171）。

项目团队的设计成员如此的年轻（除我之外），又是如此的朝气蓬勃、积极向上，对待项目的认真程度使我又回忆起整整十年前北京富海国际港的整个设计过程，国家的未来寄托在这样的一批年轻人身上，大有希望（方案设计理念和方法请详见"十年心得"之：建筑概念设计方法浅析）。

图 2-168 A 地块餐饮建筑鸟瞰图

图 2-169　A 地块餐饮建筑入口透视

图 2-170　B 地块娱乐建筑鸟瞰图

图 2-171　B 地块娱乐建筑入口透视

十年设计的片段回忆思考

失落、无奈、喜悦的收获

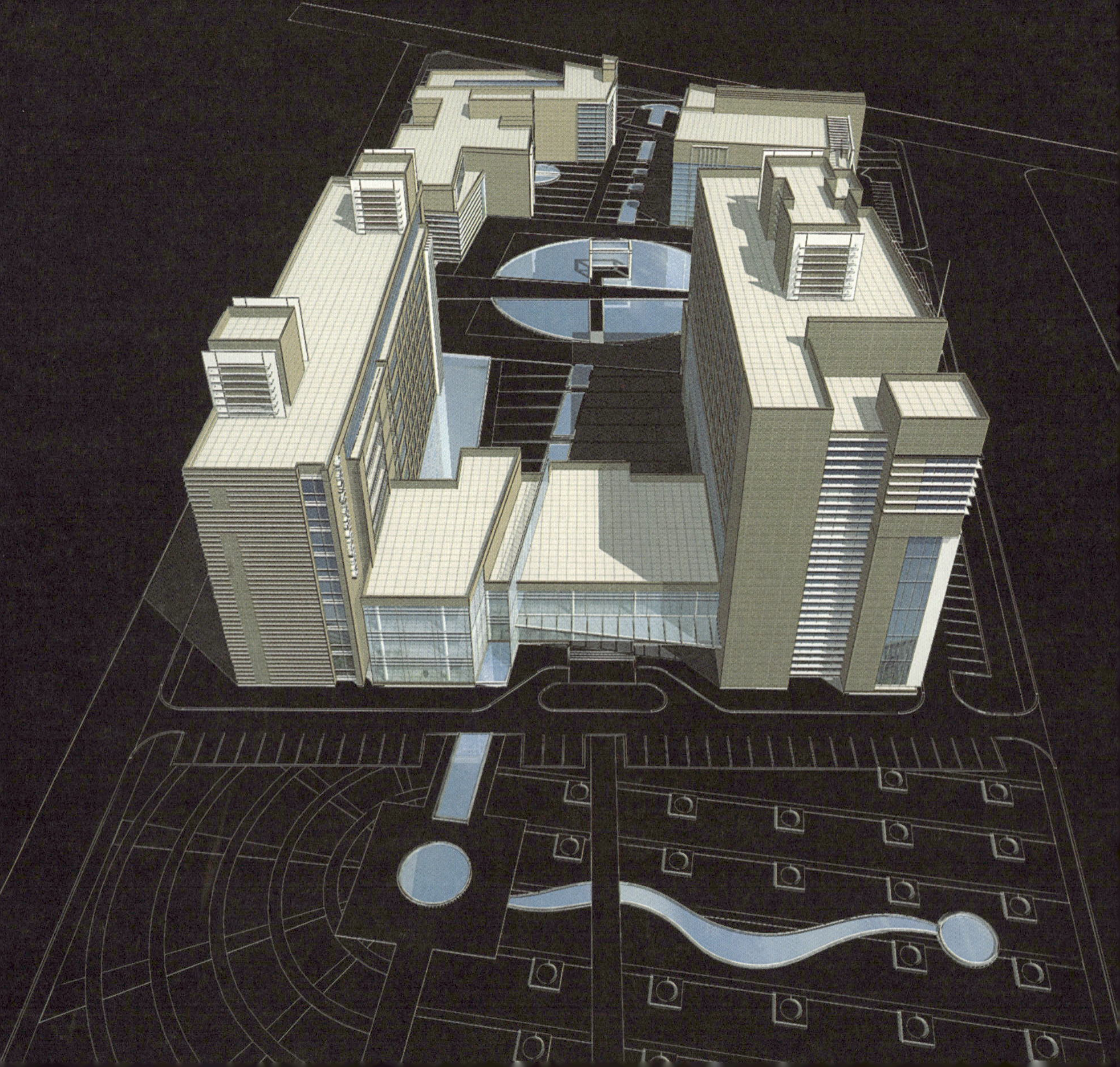

十年心得

书山有路勤为径
——山西省图书馆室内外空间设计初探

山西省图书馆作为太原城市规划的亮点工程，位于长风文化商务区的“文化岛”上，滨河西路以西，文化岛北部，行政会议中心以东，南接中央轴线上的山西大剧院，北邻太原市美术馆（图 3-1）。方案以从宏观到微观空间的设计为切入点，对城市、建筑、庭院进行整体统一考虑，使空间与环境自然衔接，融为一体。建设一个现代化、开放式的图书馆，营造高质量的图书查阅环境，形成与基地环境有机生长的建筑形态，塑造智能化的绿色生态系统。

图 3-1　太原长风文化商业区

一、城市空间布局：完整统一

方案总体空间设计尊重长风商务区详规设计的思想，充分体现城市生态园林式综合公共活动中心的设计理念。设计目标为：避免张扬的建筑造型，与周围的山西大剧院、太原市美术馆、太原市博物馆、山西省科技馆及文化岛的绿色生态环境相协调，使之各具特色、整体协调、交相辉映。

图 3-2　陕西图书馆鸟瞰图

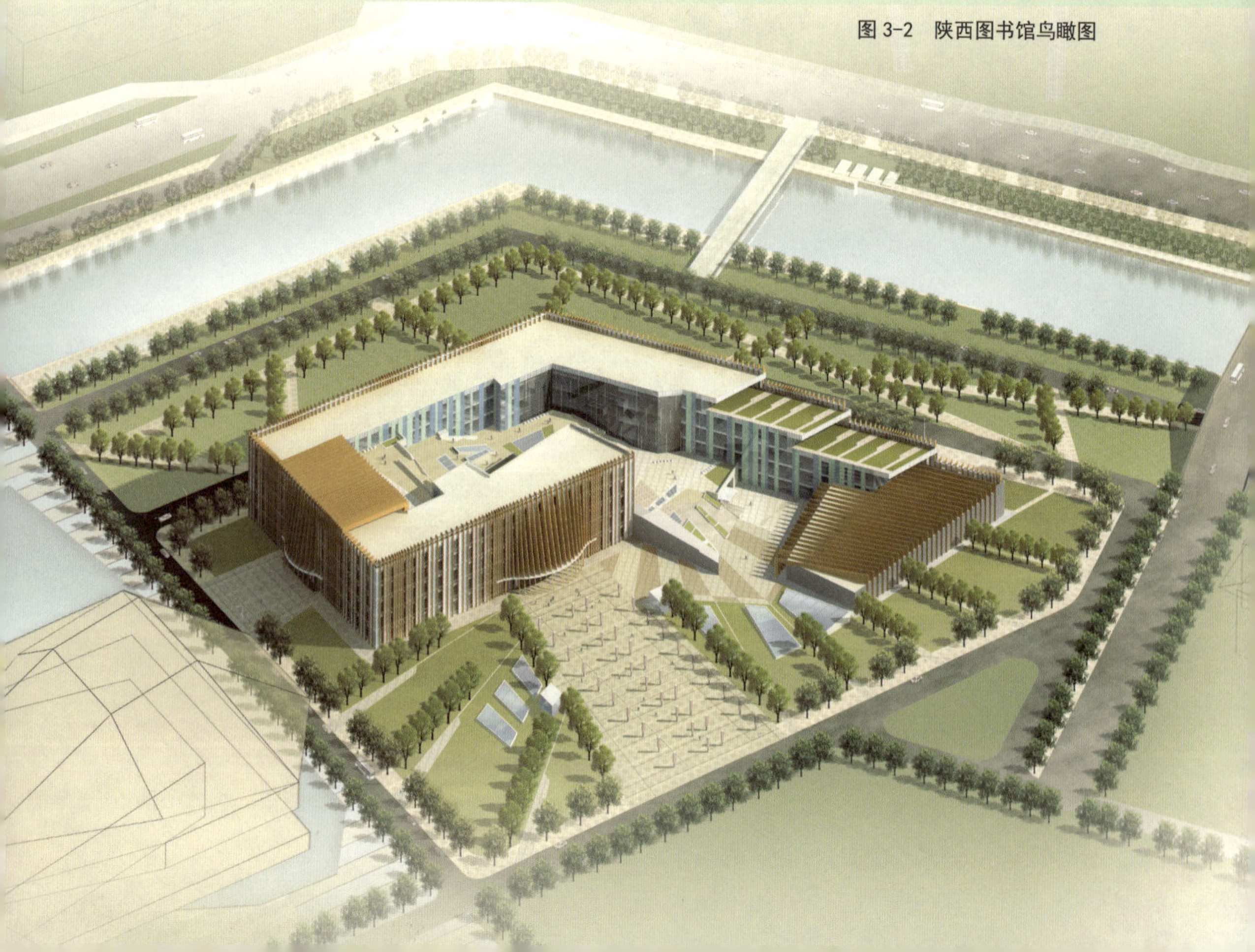

建筑总体形象简洁大方，顺应内河的走向，形成自然的折线形（图 3-2），自南向北逐渐退台，既烘托了南部大剧院的高潮中心，又衔接了北部太原市美术馆的优美造型，起到了承上启下的作用。内部形象对“文化岛”形成围合感，将建筑的内部庭院与文化岛的绿化空间自然连接，使建筑室内外空间相互渗透，形成动感的空间序列，屋顶花园更是让整个建筑融入自然的怀抱。

交通空间组织根据长风商务区的总体规划设计分为平台上下两层。下层交通主要以机动车通行为主，通过广场北街、广场南街和滨河西路与文化岛外进行联系。上层交通采用顺向滨河西路的单向交通组织，通过平台上层道路可便捷地与滨河西路以及商务办公区进行联系。

图书馆下层设置专用停车位 100 辆（图 3-3），通过建筑主入口前的垂直交通实现上下两层空间的连接，也可通过图书馆内部竖向交通核直接进入图书馆大厅。上层部分遵循原规划的道路系统，沿建筑周边设置环形道路，既方便了各出入口的可达性，同时又满足了消防环路的要求。图书馆的主出入口设在靠近文化岛内侧的界面上，并相应设置步行入口广场，一方面满足了人流疏散要求，另一方面又形成了图书馆独自的礼仪性广场。图书馆南侧设置了内部办公人员及货物出入口，既避免了与外来读者人流的交叉，又方便了工作人员及图书货物与外界的联系。沿图书馆外界面设置多个次要读者出入口，以便读者休息交流时能快捷地到达内河滨水步行道。

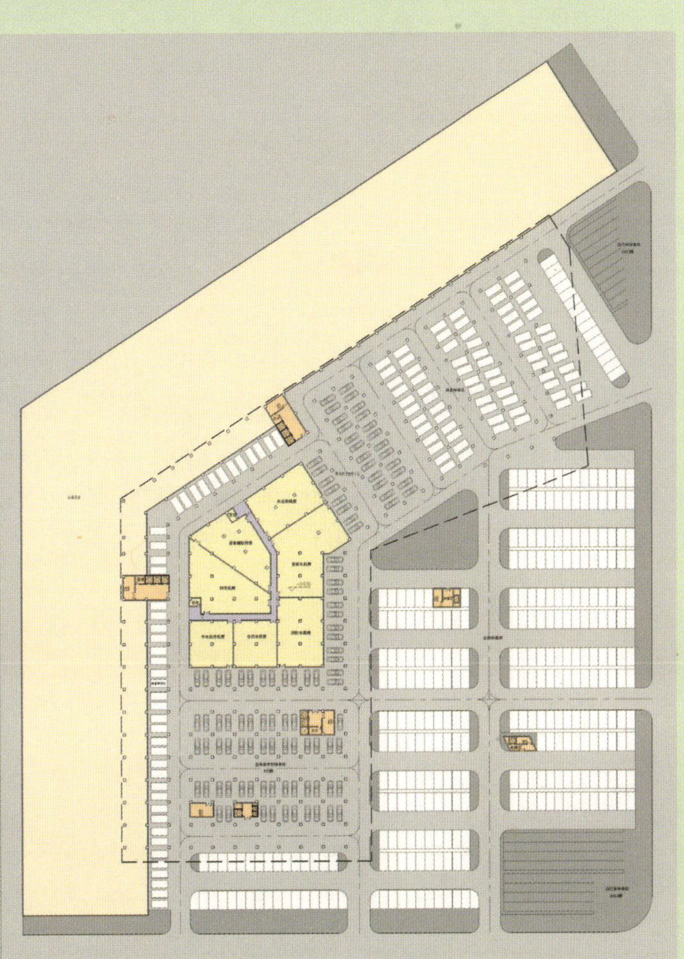

图 3-3　图书馆地下层平面图

绿化空间体系主要体现在建筑与文化岛绿色生态环境的融合上。主体建筑之间的内部台阶式庭院与入口广场相互渗透，形成完整的、连续的绿化空间体系，同时与整个文化岛的生态环境融为一体，为读者提供大量的室外活动场所，从而创造优雅、宁静的绿色文化环境。

通过建筑空间的转折和内部广场的曲径通幽，以达到步移景异和空间过渡的要求，形成庭院深深、空间层次丰富的视觉景观效果。内部庭院植以花木，并通过几何形的小品设置，使现代化高效、发展的特征与三晋建筑文化有机结合起来，给人以别有洞天的感觉，创造一种良好、怡人的文化氛围（图 3-4）。

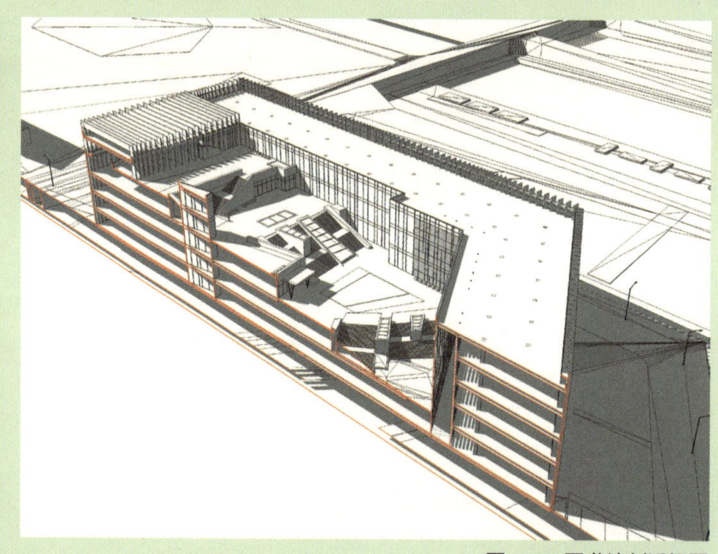

图 3-4　图书馆剖透视图

二、建筑空间形象：和谐含蓄

建筑外部空间形象本着“简洁明快、典雅大方、朴实无华、富有深邃的文化气息”的原则，力求与“文化岛”群体建筑相协调，以“文化岛”总体空间形态为设计依据，结合图书馆自身功能的特点，将“动感的建筑，流动的空间”的设计理念贯穿到方案之中。细部节点通过竖向线条的刻画，体现中国古代书籍——竹简的形象，既古朴、典雅，又朴素、含蓄，同时将竖向线条按照渐变的规律进行排列，因而赋予建筑立面以动感的特征。入口形式采用曲面构图的手法形成独特的建筑入口，给人以耳目一新的感觉（图 3-5）。

图 3-5
图书馆立面
体现“竹简”形象

建筑外部材料采用幕墙系统，木色金属板材、白色磨砂玻璃、透明玻璃交错拼接，并通过竖向金属线条分割，形成渐变、退晕的机理，给人以科技、发展、动态的感觉，既体现了竹简的形象，又暗含了书架的含义，简洁大方而不失变化。内部界面采用玻璃幕墙系统，绿色磨砂玻璃与透明玻璃相互映衬，将内部广场与建筑室内融为一体（图 3-6）。在经济条件允许的情况下，可将外立面竖向线条安装成可旋转的构件，既可以增加遮阳的效果，降低能耗，达到节能的效果，又可以使外立面更具有动感的特征。

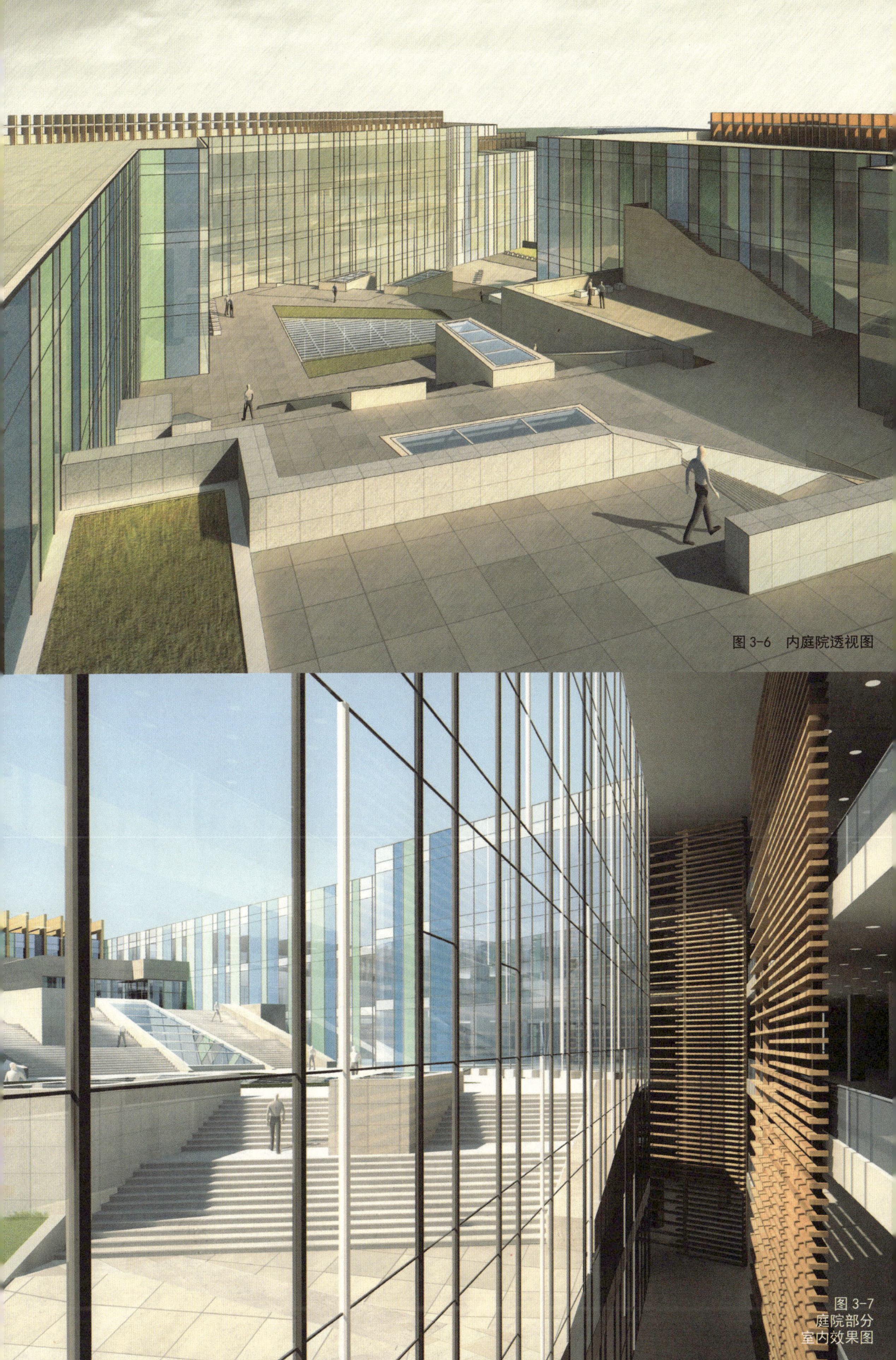

图 3-6　内庭院透视图

图 3-7
庭院部分
室内效果图

图 3-8　一层平面图

建筑内部空间的功能分区原则是使办公区、书库、借书区、专家读者阅览区、普通读者阅览区相对独立，避免人员流线交叉。建筑南侧为内部人员办公区，设置单独出入口，并设书籍货物出入口，通过竖向交通到达各办公层，使长期在此办公的内部人员拥有最佳的朝向。建筑中部设置基本书库和古籍、善本书库，利于节能和减少空调费用。建筑东侧设置专家阅览区，建筑西侧设置普通读者阅览室，阅览室又有动静分区。外侧为静区，为读者提供良好的自然采光；内侧为动区，玻璃内廊结合台阶式广场为读者提供休憩、交流的动感空间（图3-7）。平面布局体现由动到静的原则，首层布置办公区、书库、目录检索大厅、读者服务区、展厅、盲人阅览室、儿童阅览室和报告厅等流动性较大的功能空间；二、三、四层布置书库、期刊报刊阅览室、普通阅览室、古籍和善本书库、声像阅览室、计算机中心等流动性较小的使用空间；五层布置珍善、舆图阅览室，个人视听室、集体视听室、专业阅览室等专业性强的功能性空间（图 3-8、图 3-9）。

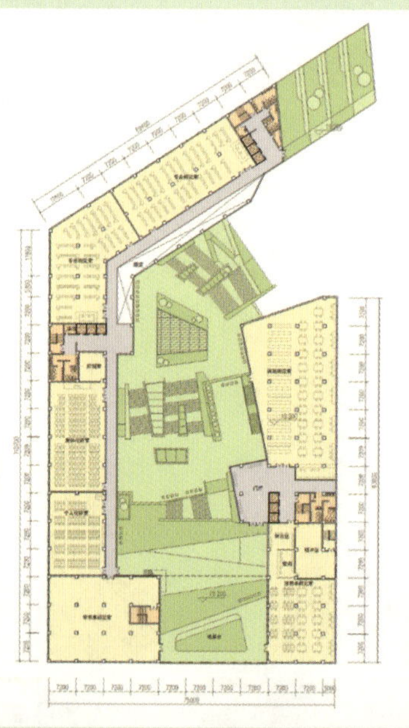
图 3-9　五层平面图

三、庭院空间尺度：寓意暗合

建筑内部的庭院设计最大限度地体现与周边自然环境的结合。建筑内部台阶式步行广场空间为读者提供了学习、交流、休闲、活动的场所，层层递进的平台空间也暗含了“书山有路勤为径”的寓意，使之与图书馆建筑的功能性相符合，体现了方案设计的概念特征和个性。通过“书山”形式的庭院半围合空间，将四周的功能性房间相互串联，形成建筑内部空间的高潮中心。丰富多变的建筑庭院空间与简洁含蓄的建筑外部形象产生强烈的对比效果（图3-10），体现了图书馆建筑特有的温文儒雅的文化气质。

图 3-11　图书馆主入口形象

图 3-10　内外跌落空间形成“书山”形象

通过广场的导向性设计，强化入口的形象（图 3-11）。结合步行绿化广场，将室外景观引入室内，使内部空间得以延续，继而创造了一种流水般动态的、绵延的连续空间，内部界面的玻璃幕墙成为内外空间相互转换的媒介，结合两侧的透明体，营造了一个循序渐进的建筑序列。不规则几何形状的绿化空间组合使建筑融入绿色环境之中，形成生态核心，充盈的阳光映射进建筑内部，赋予它一种内在的生命力。整个建筑与阳光、河流、植被等自然要素融合，使整个建筑回归于自然之中（图 3-12）。

图 3-12　庭院空间成为图书馆联系的枢纽

山 水 谣

——珠海歌剧院建筑方案创作随笔

一、自然环境：鬼斧神工

珠海歌剧院拟建于珠海市香洲区野狸岛北侧填海区。野狸岛位于珠海情侣中路东侧的香炉湾与香洲湾之间，隔海东眺香港大屿山，南与“珠海渔女”隔海相望，西以海燕桥与情侣路和市区相连，北临香洲湾、香洲码头（图 3-13），占地约 5 万平方米。

图 3-13　野狸岛实景鸟瞰图

二、总体规划：尊重环境

规划构思贯彻“建筑服从环境，建筑衬托环境”的方针（图 3-14），重点将北侧香洲湾周边环境打造成美轮美奂的人文景观，将南侧香炉湾周边环境设计成曲线优美的自然景观。

从情侣路各视点看，歌剧院与野狸岛有良好的视觉结构关系，形成山水之间自然的衔接。从歌剧院向外看，西侧为情侣路和凤凰山，东侧为广阔的海面和香港大屿山，具有良好的视觉景观效果。

建筑与自然环境充分融合，力求建筑所塑造的外部空间与所处区域的自然空间在形象与功能定位上相辅相成、遥相呼应，从而创造标志性的城市空间景观，形成旅游城市的名片，与“珠海渔女”共同组成一道亮丽的风景线。

在总平面布局中，将建筑单体布置于用地偏向内海的区域，遇有台风时，关闭所有格栅，形成完全封闭的实体，既可以依托野狸山的防护，降低台风对建筑的冲击，又可以远离外海，减少巨型海浪对建筑的影响。

图 3-14　珠海歌剧院设计方案鸟瞰图

歌剧院用地规划设计形成两条平行轴线，形成动静对比（图 3-15）。

• 视线静态轴线：歌剧院——水滴广场（玲珑水晶塔）——北堤码头圆形广场。

• 人流动态轴线：山水拱桥——中心广场——野狸山主峰。

依据两条轴线形成各种功能性主题广场。

• 水滴广场：衔接两条轴线，通过玲珑水晶塔形成区域制高点。

• 水观广场：远眺香港大屿山和伶仃洋。

• 山观广场：近观香洲湾和情侣路，远望凤凰山脉。

• 绿化停车广场：位于基地内部，通过汽车不同的形状和色彩，增添了中心区域的变化。

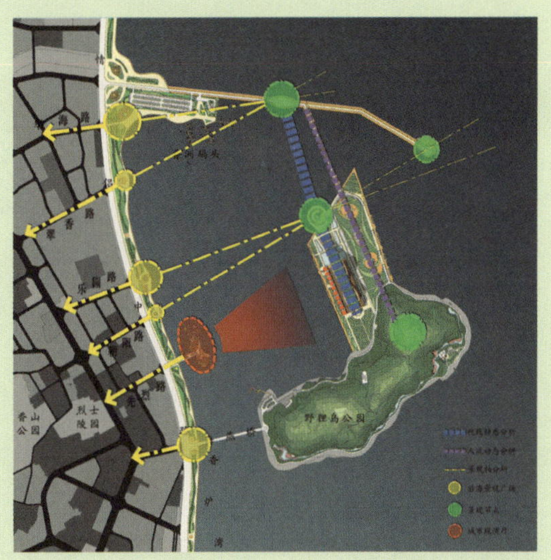

图 3-15　总平面图

三、道路交通：自然流畅

情侣路作为城市景观次干道，既可以起到交通运输的作用，又可以供乘车观赏香洲湾、香炉湾、珠海渔女、歌剧院和野狸岛等景观，形成步移景异的城市空间效果。

图 3-16　由情侣路看歌剧院

在情侣路与海岸线之间设置序列性文化步道及与其相结合的休闲区，供步行游客沿海边游览山水美景（图 3-16）。

香洲码头保留客运功能，将原有货运功能部分改建为情侣路停车场，以方便观光客人泊车。北部防浪堤改造为进入歌剧院基地的主通道，使人流能够快捷到达剧院前广场（图 3-17）。

海燕桥作为进入野狸岛公园的主通道，与环岛路相连。南北两个通道功能分区明确，并在填海区与野狸岛交界处相连，形成消防环路。

停车场设置三个：

歌剧院停车场——为观看歌剧等演出节目的观众设置的停车场。

野狸岛停车场——为游览野狸岛公园的游客提供的停车场。

情侣路停车场——为沿情侣路驻足远眺歌剧院和野狸岛的观光者提供的停车场。

图 3-17　香洲码头改造为歌剧院入口及情侣路停车场

四、绿化景观：步移景异

沿情侣路步行道设置各种景观小品、休息座椅、乔木、灌木、草皮等，供游客动态观赏周围景色和休憩（图 3-18）。

图 3-18　情侣路微地形景观

香洲渔港码头改造为休闲观景台，市民既可以在此交流、休闲、聚会，又可以远眺歌剧院和野狸岛，并为晚间观看歌剧院外立面的灯光表演提供最佳观赏视角。休闲观景台的平面采用野狸岛的平面形式，并将之缩小、旋转，使之与野狸岛遥相呼应（图 3-19）。

歌剧院不是少数人的剧院，而是市民的剧院、城市的剧场；不仅是艺术家的殿堂，更是老百姓参与艺术的舞台、解读艺术的空间。

图 3-19　香洲渔港码头改造为休闲观景台

- 香洲渔港码头改造的休闲观景台建有室外观众席，与整个情侣路形成了巨大的线性观众空间。
- 室外表演台、海上舞台、观光场形成有纵深层次的表演空间。
- 歌剧院与野狸岛的外轮廓形成了舞台远景区的天幕。
- 表演细节可以通过大屏幕展示。

如此巨大的、城市尺度的观演空间，在全世界也将独一无二（图 3-20）。

水晶标志塔位于水滴广场，形成区域制高点，主体设计成流动的水晶圆柱体，给人以随风飘逸、动感十足的视觉效果，游人通过电梯可登高远眺，360° 俯瞰山水景色。水晶塔幕墙设计成鱼鳞状，既可自然通风，又可在雨天形成跌水的效果，形成动静对比（图 3-21）。

图 3-20　城市尺度的观演空间

城市景观轴线设计（图 3-15）：

- 乐园路、朝阳路中心线——正对水滴广场的水晶标志塔。
- 先烈路中心线——正对歌剧院。
- 华海路、翠香路中心线——正对北堤码头圆形广场。
- 将景观渗透入城市中去，从而使市民能够共享山水美景。

五、概念主题：“山水谣”

本案着眼于建筑整体空间环境的塑造，空间环境与建筑并重，做到自然、人文、绿色、节能、科技、动感有机统一，建筑造型舒展大方，具有较强的观光功能，并形成城市地标。

图 3-21　水晶观景塔——歌剧院的高潮点

LOGO 设计采用三颗“水”滴组成“山”的字形，一个字代表两层含义，既简洁形象，又意味深长（图 3-22）。

“山水谣”的概念主题既体现轻灵飘逸、山琴水瑟的自然环境，又暗喻动感飘摇、有机生长的建筑空间，同时隐含山风水韵、歌古颂今的乐曲弦音，可谓一语三关。

图 3-22
“山”与“水”的组合

六、人文建筑：和谐、共融

岭南传统历史文化无时不在地影响着珠海的建筑形式，但改革开放的国策又使特区人对现代科技文化能够快速、宽容地接受，并加以升华。

方案力图将崭新的科技理念融入到建筑设计中去，体现以人为本的可持续发展的目标，建设“节约型”社会，反映珠海经济特区的时代精神和文化内涵。

基地优美的自然环境是建筑构想的重要源泉。与自然的和谐共融是本方案追求的境界，它作为更高层面人文精神的体现，既超越了狭隘的文化定义，又回应了我们时代的和谐背景，实现了人与自然和谐的可持续发展（图 3-23）。

图 3-23　歌剧院的优美线条与野狸岛的自然曲线融为一体

七、功能建筑：文化、艺术

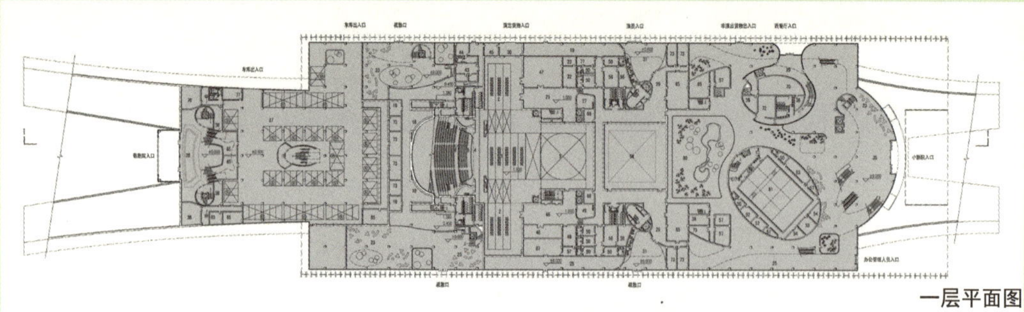

一层平面图

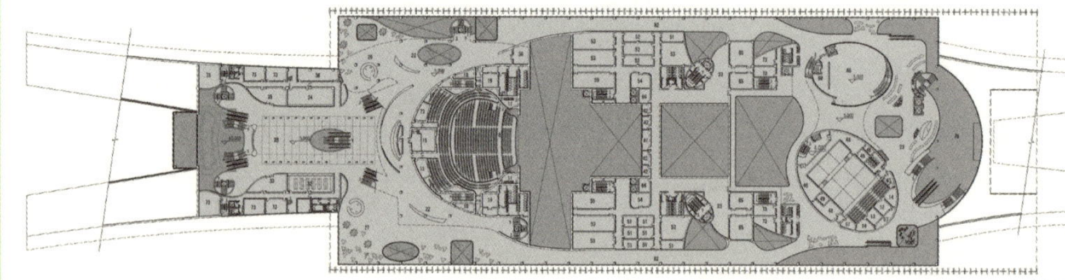

二层平面图

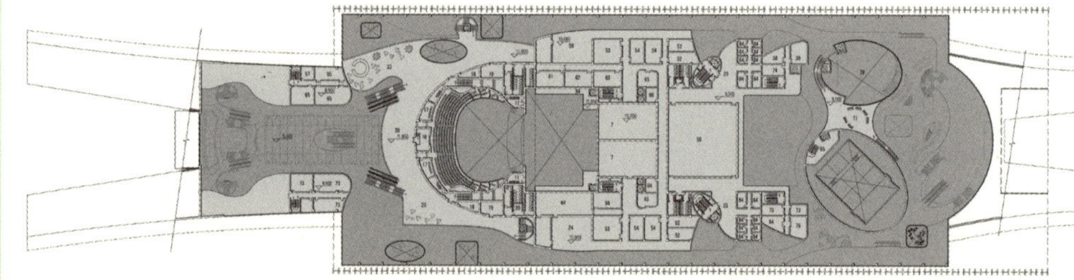

三层平面图

图 3-24　各层平面图

歌剧院主要包括一个1600座的综合剧院、一个400座的多功能小剧场和一个300座的西餐厅（图3-24）。前厅使观众到达歌剧厅前已融入剧院的艺术氛围中（图3-25）。多功能小剧场和西餐厅采用相对灵活的布局，营造亲切宜人的氛围（图3-26）。

图 3-25　歌剧院前厅

建筑两侧布置朝向山和海的观景厅，不同的挑空处理和庭院的安排塑造出丰富的空间效果（图3-27）。

图 3-26　多功能、小剧场及西餐厅

图 3-27　山海观景厅

综合剧院的观众出入口位于北侧，小剧场的观众出入口位于南侧，并在两侧分别设置前厅和休息厅。西餐厅出入口位于东侧，设置单独的门厅，便于剧院关闭时能独立对外营业。演员、演出道具、非演出货物和汽车库出入口分别设置在东侧，交通流线互不干扰。

400 座多功能小剧院布局灵活，主要由 9 组 5700 毫米 ×5700 毫米小升降块，1 组大升降块组成，通过调节这些升降块的高低，转动升降块上的活动座椅方向，可以实现六种舞台形式的布置（普通舞台、伸出式舞台、"T" 形台、岛式舞台、大舞台、宴会厅）（图 3-28）。小剧院的辅助用房如化妆间、服装间等，布置在舞台两侧及下一层空间，并设有演员专用楼电梯。

西餐厅可容纳 300 人就餐。剧院开放时，餐厅可借用大剧院的景观厅及辅助用房，如办公、卫生间等；剧院关闭时，西餐厅有独立的出入口，也有单独的辅助用房，并可以通过关闭二层来实现单独管理、营业。

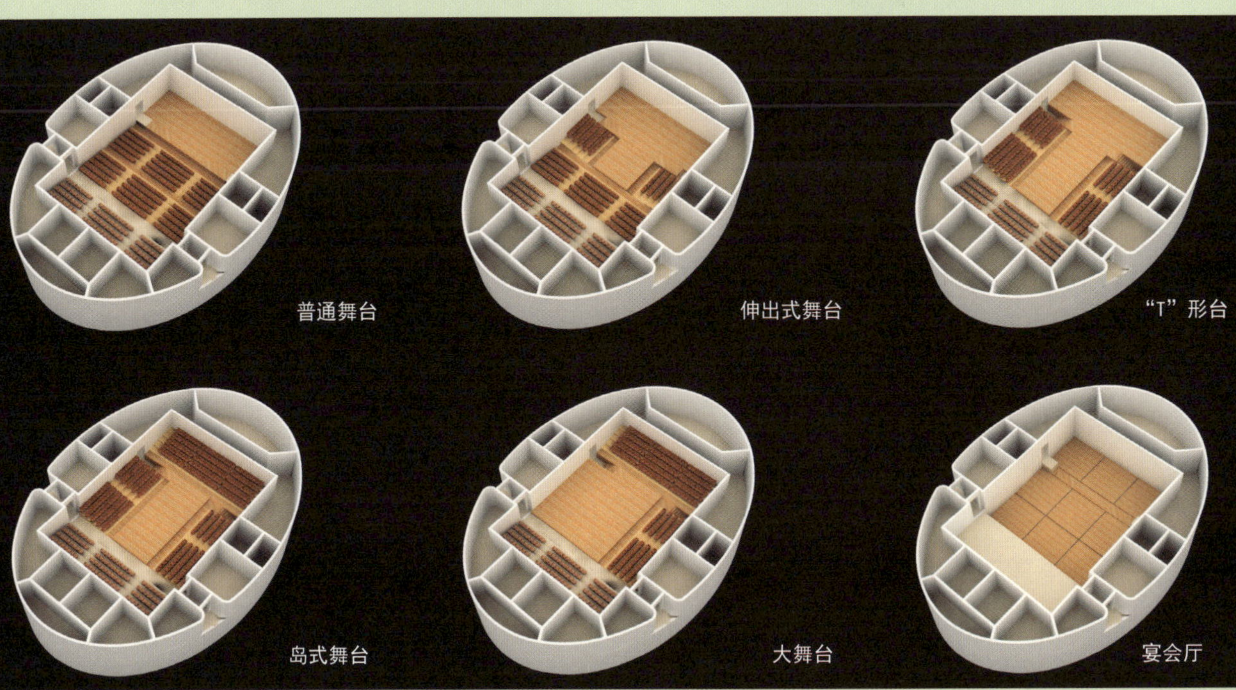

图 3-28　多功能小剧场的六种舞台形式

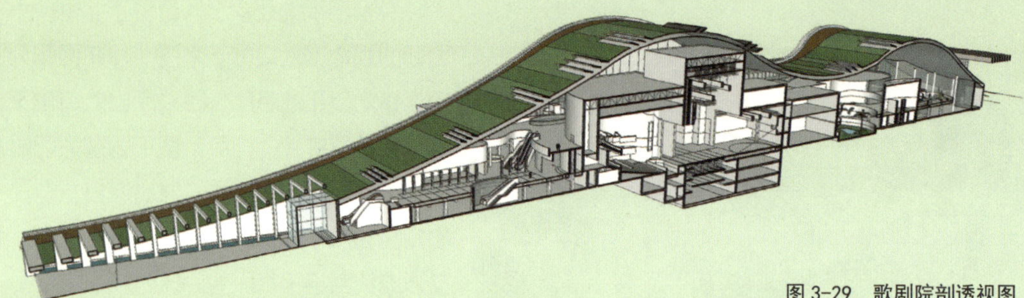

图 3-29　歌剧院剖透视图

除舞台设备外，整座建筑不设地下部分，节约造价。车库利用前厅平台的下部空间，有效地节省了空间（图 3-29）。

八、绿色建筑：生态、环保

本方案充分利用建筑的第五立面——建筑屋顶，山形建筑物屋面采用种植土屋面，使游人可达并登高远眺香港大屿山。

绿色的种植土屋面，既可以达到保温隔热的节能效果，又使野狸山的绿色和山形能够得以延续，形成自然衔接，避免人为造作，创造可持续发展的绿色生态建筑。

图 3-30　歌剧院室外休闲广场

弧形山水桥是山形屋面的延续，既使山水桥与建筑本身融为一体，又使香洲湾内湖的游艇能在桥下自由穿梭，避免了内湖游船不能出海远航的弊端，可谓一举多得。

由于珠海的阳光照射较为强烈，故歌剧院广场可采用雾化喷泉来降低游人的体表温度。雾化喷泉可来源于歌剧院大量的空调冷凝水（低温），由于珠海气温较高，所以空调冷凝水的量比较大，空气质量较好，故空调冷凝水几乎不用进行净化处理。此类措施充分体现了“节能减排”的设计思想（图 3-30）。

九、节能建筑：遮阳板、太阳能

建筑外立面竖向格栅和屋顶格栅为电动可旋转构件。根据光线探测器，准确计算出太阳的方位角和高度角后，建筑格栅像“向日葵”一样随着太阳的位置变化，旋转到最佳的遮阳角度，

图 3-31　歌剧院外侧可转动遮阳板

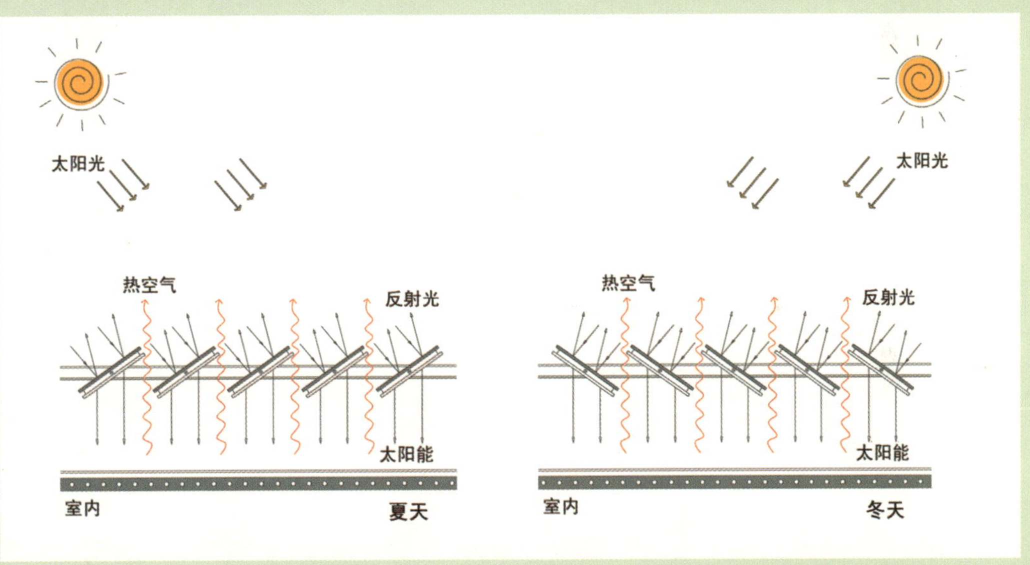

图 3-32　珠海夏季太阳位于北侧，冬季太阳位于南侧，转动时太阳能电池板时刻正对太阳

既能达到高效节能的目的，又能使建筑的立面不断变化，形成动感建筑（图 3-31）。

屋顶格栅、种植土屋面与内部的建筑屋面之间留有空气隔层，比重轻的热空气通过格栅的缝隙和部分结合景观设置的天井向外扩散，起到了良好的隔热效果，有效降低了空调的用量。

建筑弧形屋面及屋顶格栅，结合景观设计布置太阳能电池板，由于太阳能电池板能够随着阳光的位置变化而不断改变朝向，使北回归线以南地区使用太阳能的局限性问题迎刃而解，从而大量降低建筑自身能耗，充分体现建筑节能的设计思想（图 3-32）。

屋顶可使用太阳能电池板的面积为 5800 平方米，除去安装间隙和阴影遮挡，则可安装太阳能电池 504kWp。

下面以在珠海的一个容量为 504kWp 的太阳能电池方阵（方阵与水平地面的夹角为 25°）为例进行年发电量的统计计算，其结果如下表。

月份	日射量		发电量	
	(度/平方米·天)	日发电量(度/天)	天数(天/月)	月发电量(度/月)
1	3.58	1511.8	31	46867.0
2	2.99	1262.7	28	35355.1
3	3.09	1304.9	31	40452.3
4	3.53	1490.7	30	44721.7
5	3.95	1668.1	31	51710.8
6	4.12	1739.9	30	52196.5
7	4.53	1913.0	31	59303.8
8	4.41	1862.4	31	57732.9
9	4.41	1862.4	30	55870.5
10	4.67	1972.1	31	61136.6
11	4.51	1904.6	30	57137.4
12	4.03	1701.9	31	52758.1
合计	3.99（平均）	1682.9（平均）	365	615242.8

一个 504kWp 的太阳能光伏应急并网型发电系统的年发电量，如果改用燃油来获得，则相当于消耗 149504 升的燃油。

一个 504kWp 的太阳能年发电量，比用火力发电可以减少二氧化碳的排放量约为 500.8 吨、二氧化硫的排放量约为 5.54 吨、氮氧化物的排放量约为 2.71 吨。所排放的这些气体如果用森林在一年内来吸收，则需要 1036 公顷的森林，即相当于我们一年种植了这么大面积的森林。

十、科技建筑：LED 灯、荧光涂料

建筑外立面竖向格栅一面为 LED 灯组成的发光面，另一面为能自发光的荧光涂料。

当晚间歌剧院有演出时，竖向格栅与情侣路垂直，歌剧院的内部灯光穿过格栅的缝隙，映红香洲湾的水面，形成波光粼粼的宜人景观（图 3-33）。

当晚间歌剧院无演出时，LED 灯发光面旋转朝向外侧，既可以形成丰富多彩的巨型电视画面，使情侣路的游人驻足观望，又可以形成动感十足的彩色幕墙，使整个建筑运动起

来（图 3-34）。

当晚间歌剧院无演出时，将荧光涂料面旋转朝向外侧，在激光射灯的照射下，形成一个个彗星式的图案，每个图案随着时间的推移而渐渐消失，整个画面像一个巨型的电脑屏保，既节省了电能，又营造出梦幻般的城市夜景效果（图 3-35）。

图 3-33　有演出时的夜间效果

图 3-34　无演出时巨大屏幕为情侣路提供观演内容

图 3-35　无演出时的节电模式

十一、动感建筑：轻灵、飘逸

建筑是凝固的艺术，而本案突破了凝固的束缚，使歌声和音乐舞动了起来。

白天——建筑格栅随着太阳位置的变化而旋转，形成动感建筑。

夜晚——格栅发光面随着展示内容的变化而变动，形成动感立面。

在建筑室内的“水观”休息厅或“山观”休息厅透过格栅向外眺望，由于格栅的不停转动，使映入观众眼帘的山水美景也不断改变。

在建筑主体、构件以及景观广场的细部处理上，采用了大量的对比手法：动、静对比，虚、实对比，明、暗对比，曲、直对比，刚、柔对比（图 3-36）。

图 3-36　整体形象的多种对比手法

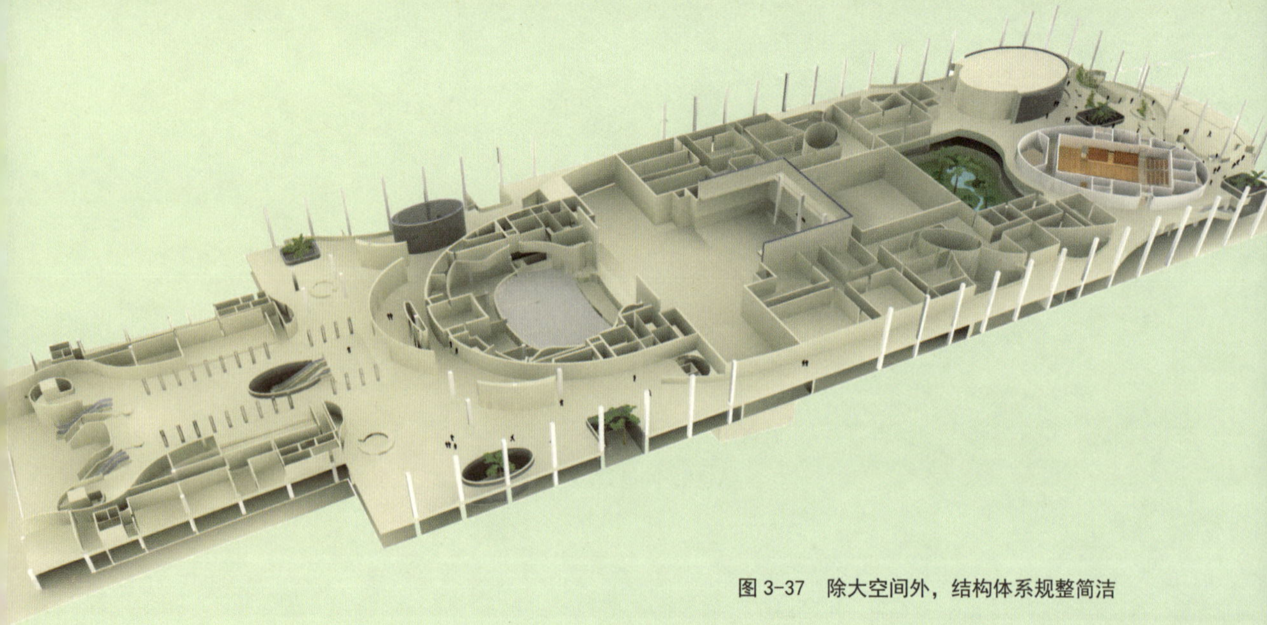

图 3-37　除大空间外，结构体系规整简洁

十二、低成本建筑：事半、功倍

建筑形体和结构柱网简洁，以方便标准化建筑施工为前提，由于结构最大跨度约为 30 米，从而显著降低了土建施工的成本，减少了施工难度，提高了施工速度（图 3-37）。

建筑体形系数小，减少了空调系统的用量，有效降低了建筑的初期投资。

同时，由于遮阳板、太阳能、空气隔层、种植土屋面等多项节能措施的有效利用，也减少了建筑平时运行的成本，为后续利用与管理创造了有利条件，体现了“最小投入获得最大效果”的设计理念（图 3-38）。

（原文刊登于《华中建筑》2010 年第五期）

图 3-38　歌剧院与自然环境和谐共存

商业元素对商业建筑设计的影响
——北京大红门银泰购物中心的设计实践与思考

目前，随着我国经济建设的高速发展，人民的生活水平不断提高。全国各地除了大量建设居住性建筑外，越来越多的商业建筑也摆在建筑设计师的案头，而大部分建筑师接到商业建筑设计任务时，开发商对商业项目开发的策划和定位都还不成熟，即使请商业策划公司对周边状况和类似项目进行分析和调研，但由于没有有经验的投资商家或商业管理公司的介入，使得开发商往往不能提供完整的设计任务书，在方案设计阶段不停地要求设计单位调整方案，甚至所有的商业类型都实验一遍。

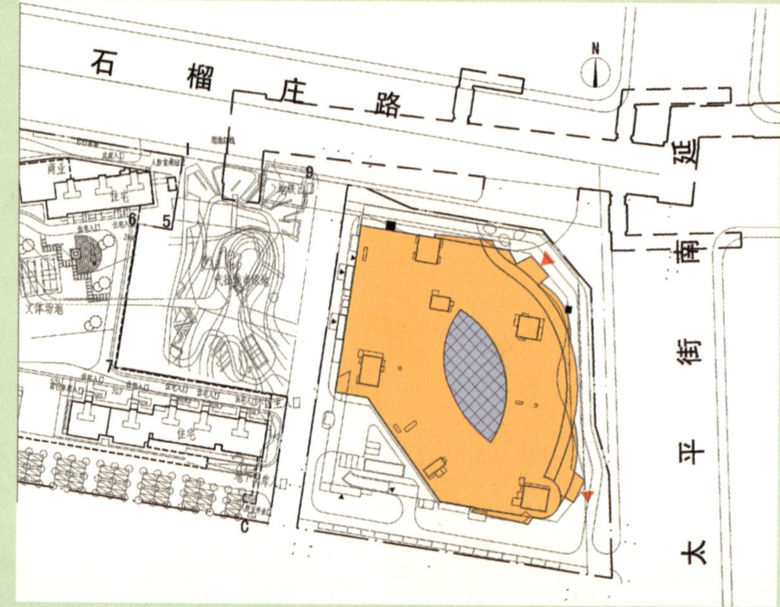

图 3-39　大红门银泰购物中心总平面图

建筑师在这种不断修改、调整方案的过程中，感觉到项目的完成遥遥无期。如何掌握商业元素的特点，使商业建筑的设计顺利进行？下面通过在北京大红门银泰购物中心商业综合体的设计实践中对商业元素的浅析，来思考以不变应万变的设计方法。

商业元素之一：动线

大红门银泰购物中心项目位于北京市丰台区大红门西路，地段北侧为石榴庄路，东侧为太平街南延，地下室部分与地铁 10 号线连通，用地地势平坦，地质条件良好，交通便利，是集商业（地下一层至三层）、餐饮（四、五层）、影院（六层）为一体的综合楼（图 3-39）。该地段地处两条道路的十字交叉口的西南侧，正好位于优越的“金角银边” 的位置，因而分析商业动线的设置应该放在方案设计的首位。

最初方案的建筑主入口正对十字路口，次入口位于建筑右下角（图 3-40）。如此设计必然带来诸多弊端。首先，将商业价值最高的建筑东北“金角”部分作为交通面积使用，造成极大浪费，本末倒置；其次，西侧部分商业进深偏大，东侧部分商业进深过小，动线设置过偏引起商业价值的不均衡，西侧部分人流过少且不容易到达，必然影响经济效益的提高；第三，商业动线过度强调建筑形式，没有考虑顾客的行为心理因素。

商业动线作为商业建筑的主要元素之一，应该根据地形特点考虑不同顾客的心理要求进行设置。根据实际情况将顾客分为三类：一是有目的地购买商品的顾客，商业动线的设置应满足其便捷明了地直达目的地；二是漫无目的地闲逛的顾客，商业动线的设置应尽量将各类商业的爆点围绕主线展现出来；三是无购物需求的顾客，商业动线的设置应为其提供舒适的环境，营造商业气氛。好的商业动线一定是回路，不走回头路，更不能有放射形式的商业动线存在。

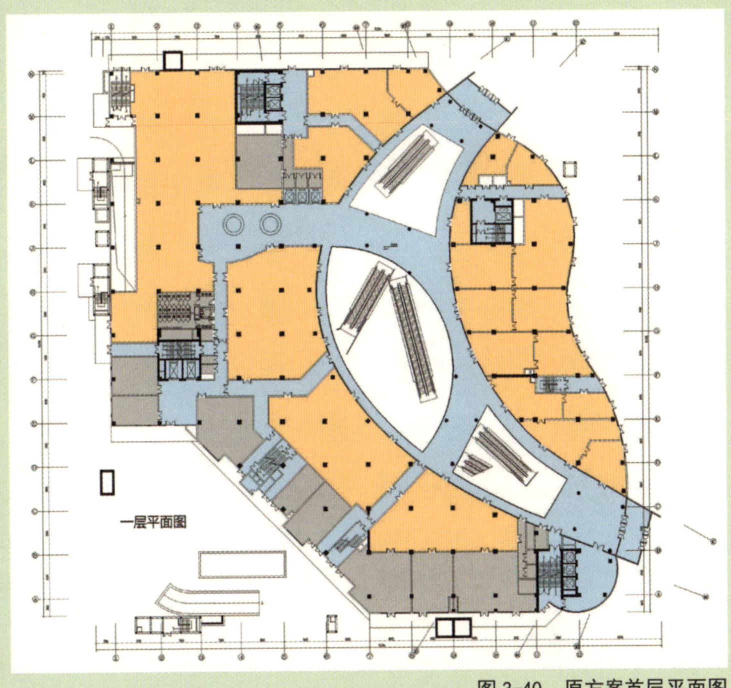

图 3-40　原方案首层平面图

最终方案的商业动线设置考虑上述因素和地形特点，将入口分别设置在建筑北侧和西侧（图3-41、图 3-42）。其优势主要体现在以下几个方面：首先，将东北向的“金角”部分用于商业，甚至在一、二层内部设置楼梯，用于某个品牌的主力店，极大提高了此部分的商业价值；其次，动线两侧商业进深均衡，也体现了商业价值的均好性，使所有品牌都有向动线展示商品的界面；第三，动线的直达为有目的地购买商品的顾客提供了简洁明了的交通空间；第四，动线的转折为漫无目的地闲逛的顾客提供了灵活的公共空间，避免了乏味的购物环境；第五，自北侧街道去东侧街道的路人，更愿意通过室内穿行，而不是从室外路过，毕竟商场提供了冬暖夏凉的宜人环境，这样一来既有可能引起路人的购物欲望，又增加了商业的人气，提升了内部的商业氛围。

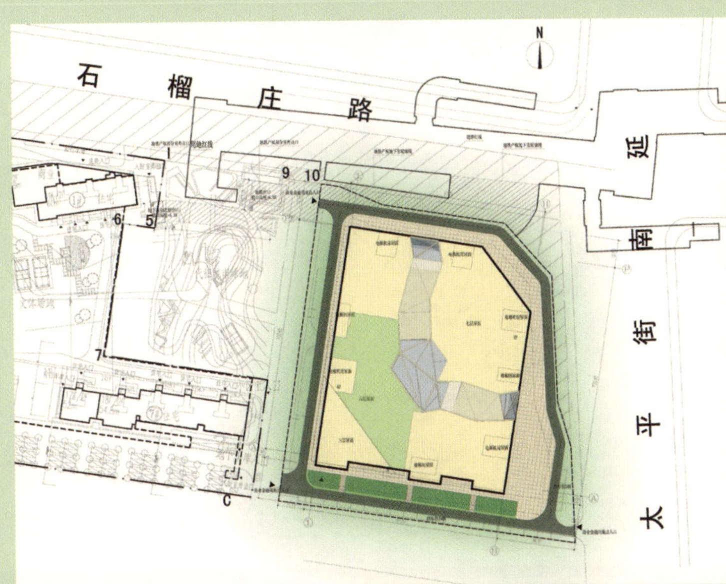

图 3-41　实施方案总平面图

图 3-42　实施方案首层平面图

由此看出，商业动线的设置对于商业建筑的每平方米商业价值的提高起到了至关重要的作用，同时也决定了建筑平面布局和形式，因而商业建筑设计前应首先考虑、分析、确定商业动线元素，并以此作为设计的主要依据。

商业元素之二：空间

大型商业建筑中由于品牌商品的多样性以及具体选址的不确定性和使用几年后重新装修的经常性，造成商业空间的多变性，因而在商业建筑空间设计中应考虑到这些变化因素。

商业空间元素分为两类，一类是商品交易空间，一类是公共休闲空间（也即交通空间），由于两类空间的功能不同，所以设计中应"因事而异"。商品交易空间内，顾客关注的是商品本身，而不是建筑空间的丰富，此类空间几年更换一次装修风格，因而越简单越实用；公共休闲空间是为顾客提供的购物疲劳后休息、交流的空间，具有长期不变的特点，顾客的关注点是商业建筑空间变化自身，因而此类空间应丰富多变，以增加商业趣味。

最初方案的公共休闲空间动感十足、曲线优美（图 3-43），但是，过于追求和强调公共空间的丰富变化必然带来商品交易空间的牺牲。如此设计带来的弊端是：第一，交易空间曲线过多，大量减少摆放货柜的数量，降低商业面积的使用效率；第二，平面曲线过多的固定形式，对于商家几年就要进行一次重新装修有较大约束，不宜给老顾客产生新鲜的感

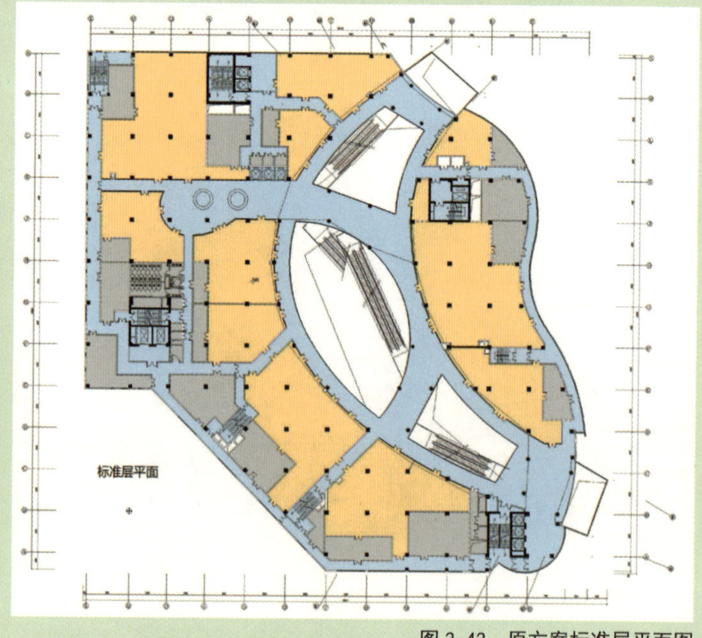

图 3-43　原方案标准层平面图

觉；第三，交易空间进深变化太大，容易造成局部人流过多，而部分地方冷清；第四，出现尽端式的公共空间，造成顾客走回头路，严重影响尽端处交易空间的商业价值；第五，柱网的不规则使得结构梁柱体系的变化较多，由于柱跨的不同，造成梁高不统一，使得梁下的风管、水管、电缆桥架标高不同，最终使得吊顶高度受限。所以，对于商业建筑来说，交易空间是第一位的，公共空间处于从属地位，是服务于交易空间的，毕竟商家是希望顾客来商场消费而不是休闲的。

最终方案的商业空间设置以商品交易为基础，围绕这个原则展开设计（图 3-44）。方案所有柱网的开间和进深均采用 8.4 米的固定模数，既满足交易空间的可变性，又方便地下层的停车设置，同时有利于外立面的幕墙分隔。其优点体现在：第一，商品交易空间规整，可以应对各种品牌商品货柜的要求，以不变应万变；第二，在既定的范围内，几年一次装修的自由发挥度增加，且不影响相邻商家；第三，方正的交易空间便于商家与业主的经济核算，避免商业面积难以测量造成的经济纠纷；第四，商业进深尺度均衡，同时避免尽端式的商业空间，为商家提供更大的位置选择空间，使顾客以愉快、舒适的心情，逛遍商场的每个角落；第五，结构体系规整，降低了土建造价，减少了设备管线交叉难度，有利于增加吊顶下的净高。

图 3-44　实施方案各层平面图

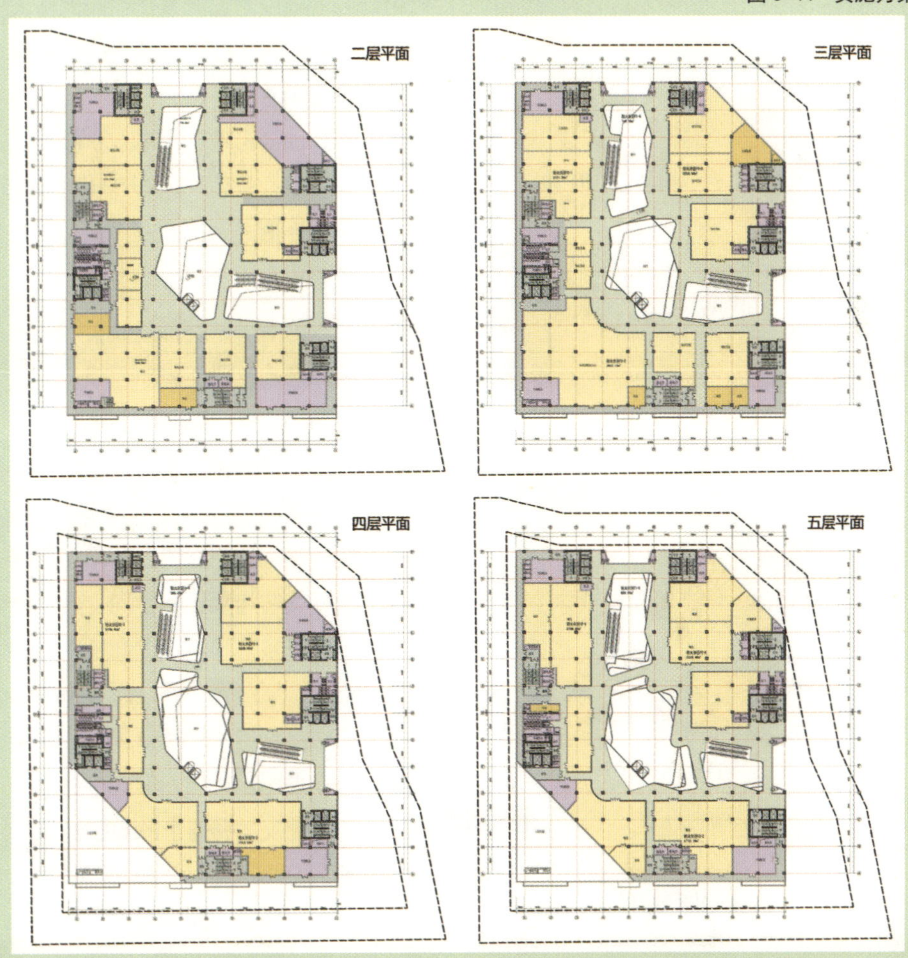

公共休闲空间的设计因不能经常变换装修，而采用相对固定、空间丰富、曲直结合的原则，围绕“L”形中庭设置。与交易空间相邻一侧体现“径直”的因素，采用平直的界面，便于商家直接向顾客展示商品和顾客直达，且不会发生彼此遮挡；与中厅毗邻的一侧体现“曲折”的因素，为顾客提供休息和驻足观望的空间。曲与直的空间变化可以改变动线的心理长度，过长的交通空间适当地增加曲度，可以避免产生交通过长的心理感觉。中厅形状的变化，通过结构板边的出挑（不超过 3 米）和过街廊形式，形成层层不一样的中厅空间，既丰富顾客视线交流的层次，又降低了结构的造价。由于增加了不同部位的出挑空间，使得交通空间发生了宽窄的变化，避免了乏味单一的公共空间形式。对于餐饮和影城部分，单独设置直接对外的垂直交通枢纽，规避营业时间不同造成的冲突。

商业建筑的空间设计应在不牺牲结构体系的前提条件下，通过出挑结构板边的方法，取得变化丰富的公共休闲空间，并辅助面积规整而内容多变的交易空间。

商业元素之三：形象

商业外立面形象作为可识别性元素，对于商业建筑的影响力深远与否不言而喻。目前，商业建筑的立面设计五花八门、参差不齐，究其原因，就是希望商业建筑立面的设计引起消费人群的注意，提升商业价值。随着市场经济的不断完善和发展，商业利润的攫取无孔不入，因而如何使商业立面形象与商业价值紧密结合形成新的商业模式，成为越来越多地考虑的问题。

图 3-45　立面概念设计方案一人视图

方案一试着探索此类模式的运作方式（图 3-45、图 3-46），即将商业立面形象以整片广告的形式进行设计，然后按照类似以商铺面积大小进行租赁的模式，由大型商业广告公司出资修建并签署年限出租合同，既可以降低开发商在建筑立面装修上的投资，又使商业外立面产生商业价值，可谓一举两得。广告采用 LED 显示屏播出的形式，从而使建筑外立面整体形象打破一成不变的传统形式，使路人随时随刻在不同角度都能观察到整个建筑

图 3-46　立面概念设计方案一鸟瞰图

外部形象的不断变化，产生猎奇探秘的心理，同时增加建筑形象的可识别性。

方案二（图 3-47、图 3-48）同样采用上述商业模式，区别之处在于分层使用电动竖向遮阳构件，在构件上绘以各类广告图案，构件的不停转动使建筑外立面形象产生动感，不断变化的立面与周围静止不动的建筑形成强烈对比，突出建筑个性和商业繁荣的特点，使建筑的可识别性和商业性获得强烈体现。

图 3-47　立面概念设计方案二鸟瞰图

图 3-48　立面概念设计方案二人视图

掌握上述各类商业元素的特点，在各种大型商业建筑中采用简便易行、通用性强的设计方法，可以使业主应对未来商业模式变化而带来的商业开发的变更。因而注重商业元素对商业建筑的影响，在商业建筑设计中显得尤为重要。

栉风沐雨　涅槃重生
——四川省什邡市红白镇政府办公楼设计笔记

一、背景

四川省什邡市红白镇是2008年“5.12”大地震的重灾区，地震几乎将所有建筑夷为平地。在国家和各省市的援助下，整个红白镇从区域规划到单体建筑进行了栉风沐雨后的再建工作。

随着廉租房、小学、幼儿园、福利院、文化中心等建筑单体的先后落成，红白镇的灾后重建在短短的两年时间后已经初具规模，并获得了“北京市支援灾区优秀灾后重建规划设计一等奖”。镇政府领导在建设过程中，一直坚持在简易的板房中工作，镇政府办公楼也是最后一个开始施工建设的项目。

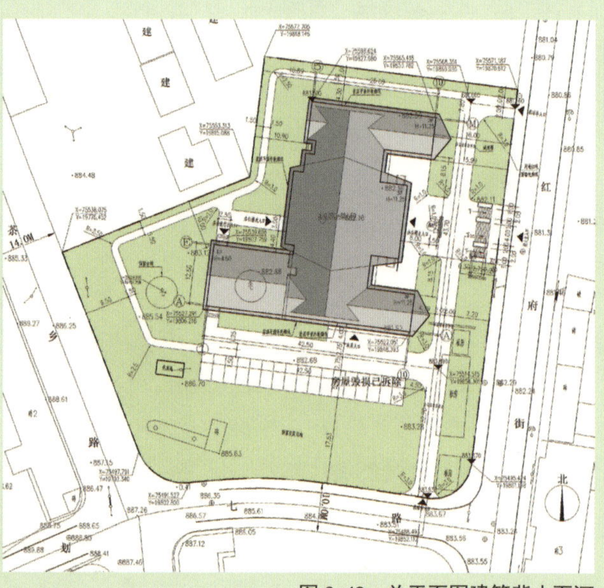

图3-49　总平面图建筑背山面河

红白镇位于什邡市西北部的山区，整个镇区依山而建，呈线性发展，地震过程中，整个镇区遭到毁灭性的破坏，灾后依据原有镇区的脉络和肌理以及历史遗迹（如红场、白场等），重新规划和建设。镇政府办公楼依据政府服务于民的特点，选址位于镇区中心，西侧隔茶乡路与山坡下的部分民宅相邻，东侧为红府街，路东是沟堑下的铁路。办公楼主入口面水背山朝向东侧，南侧为镇政府预留发展用地（图3-49、图3-50）。

图3-50　鸟瞰图

二、功能

镇政府办公楼主要涵盖两大功能，一是直接面对百姓服务的综合服务中心，包括劳动保障、农业服务、人力计生、司法调解、便民接待等，一是党政机关内部办公。

综合服务中心位于首层开敞式大厅（图3-51），各职能部门相互衔接，便于百姓办理各类事务，有利于提高工作效率。同时，服务中心与党政机关办公用房在使用空间上分开，功能分区明确，对外开放性与对内私密性截然分开，避免外来办事人员与内部办公人员的相互干扰。建筑西侧设置了多功能厅，为政府召开代表大会和举办镇区活动提供了可变的空间场所。党政办公主要集中在二、三层（图3-52），并相应设置了内部会议、职工餐厅、乡镇文化广播站等附属性功能房间，为公务人员提供相对安逸的办公环境。

办公楼西侧设置小型内部花园，将室外绿化景观作为综合服务中心的背景，室内外空间环境相互渗透（图3-53），既提高了办公环境的品质，又为办公人员提供休憩、健身、交流的活动空间。南侧预留发展用地，为镇政府建设副楼储备了良好的条件，同时办公人员通过“风雨桥”可以便捷地到达副楼的员工值班休息室，避免日晒、雨淋的影响（图3-54）。

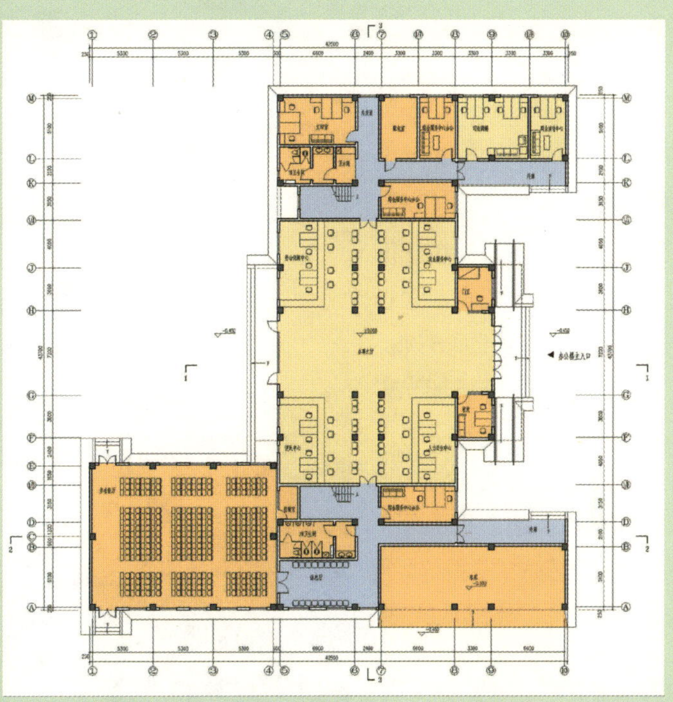

图3-51　一层平面图

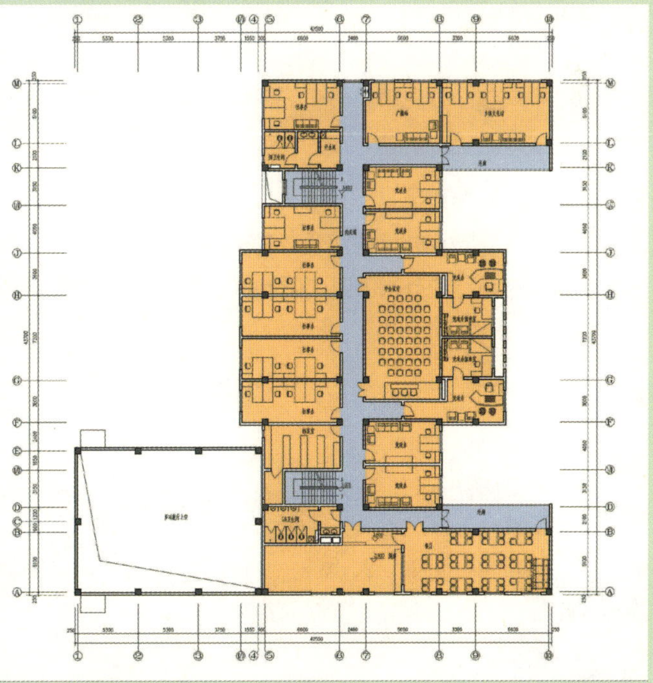

图3-52　二、三层平面图

三、形式

建筑的正面形象采用中轴对称的布局形式，主入口屋面凸出于其他部分屋面（图 3-55），以强调政府公平、正气的形象。大部分开窗形式为在不加任何装饰的素白墙面上，均匀布置方窗，只在正面局部出挑墙体的细部进行强化处理，通过部分挑出砌砖的设计手法增加光影效果，给人以政府平易近人、和蔼亲民的感觉。建筑两侧山墙坡屋顶部分采用出挑飞檐形式，取意“展翅飞翔”，象征着红白镇灾后的经济发展和建设“青云直上”。

图 3-53　建筑内部休闲庭院

图 3-54　主副楼连接通廊

建筑立面的总体设计采用传统灰瓦白墙的川西建筑形式，与整个红白镇新建建筑风格协调统一，同时在建筑的白色墙体上，运用横向木质装饰格栅加以点缀，给人以清新隽永的感觉。

地震给人带来的危害不只是人们心灵的创伤，更使小镇的安逸环境遭到重创。在灾后废墟上涅槃重生，重建家园，使整个办公楼建筑与山清水秀的自然环境和恬淡幽静的山区小镇融为一体，重现古朴、纯真的山镇文化气息，恢复原有自然、田园般的宁静。

图 3-55　办公楼正立面

古为今用、和谐共生
——北京模式口商业街设计中的矛盾解决方案

一、模式口地区的历史、现状、规划

1. 历史

模式口作为京西古道首驿，是北京石景山区惟一的历史文化保护区，现有两处国家级的文物保护单位——法海寺、承恩寺，两处市级文物保护单位——第四纪冰川遗址、田义墓，一处区级保护单位——龙泉寺，以及若干保留相对完好的居民院落（图 3-56）。保护区依山傍水，自然景观优美，文物古迹丰富，历史遗存众多，村落民居特色相对突出，具有较高的历史文化价值。

图 3-56　京西古道首驿——模式口

2002 年，模式口与西郊清代皇家园林、卢沟桥宛平城、三家店村、川底下村等共十片文物古迹比较集中，能较完整地体现一定历史时期传统风貌和地方特色的旧城外围街区或村镇以及皇城、北锣鼓巷、张自忠路北、张自忠路南、法源寺这五片旧城内历史风貌较完整、历史遗迹较集中和对旧城整体保护有较大影响的区域被公布为北京市第二批历史文化保护区。

因而，模式口地区对石景山区传承历史文化传统、创建 CRD 具有不可替代的重要意义。[1]

2. 现状

模式口商业街项目位于田义墓东侧，主要为模式口小学，天马、金顶市场用地。模式口小学目前已经废弃，部分建筑被拆除；天马市场通过置换后，已将场地平整；金顶市场仍在使用。

[1] 北京市石景山区模式口地区保护与整治详细规划．北京清华城市规划设计研究院，历史文化名城研究中心．

模式口片区的主要建筑形式是传统四合院建筑，而现在由于缺乏古建保护和整体规划，居民在该片区改造或自建大量违规房屋，涌现出众多杂乱无章的多层现代建筑和简易大棚，对此片区造成了较大破坏，与整体风貌和古建风格极不协调（图 3-57）。对该片区的保护和整治已经迫在眉睫，这对于恢复模式口大街历史原貌和京西文化历史风貌，同时保护古代建筑历史文化遗产具有重要价值。

图 3-57　杂乱无章的建筑严重破坏地区的历史文化传承

3. 规划

模式口商业街项目地段北依蟠龙山，西侧为田义墓，东侧为通往法海寺的道路，南侧毗邻模式口大街（图 3-58）。建设开发单位拟结合当地现状的佛教文化，将该项目定位为高端商业会所。其定位主要来源于两个方面：一是与模式口大街有一段距离，环境相对幽静，自然风景优美；二是位于法海寺必经之路，为香客提供途中休憩和品尝素食的场所。

图 3-58　基地周边历史文化节点

会所采用四合院组群的古建形式，严格控制建筑高度，缩小单个建筑体量，结合台地的地形特点，形成室内和室外两种步行商业街模式。建筑形式和细部采用当地特有风格，使新建筑与周边原有保护建筑保持一定的协调，从而融入模式口大街地区的原有肌理。

二、商业理念与历史传统的冲突

由于该片区项目建设的使用功能与项目所必须采用的建筑形式存在着冲突，因而在项目设计过程中，解决这些问题成为了化解矛盾的关键。其冲突主要表现为以下几个方面：

1. 四合院封闭性与商业街开放性的矛盾

四合院作为北京古城普遍采用的一种传统民居形式，其基本特点是四方布局、中轴对称、封闭独立（图 3-59）。而其封闭独立的特点，体现了高墙深院、与外隔绝的私密性，从而形成了四合院内部别有洞天、不与外人共享的建筑空间形式。

步行商业街作为沟通和交流丰富的一种商业空间模式，势必要求建筑形式具有极强的开放性。同时，沿街各类商铺店面自有的经营特点，必然要求商家通过门脸的装饰和装修来展示自己商品的特点和品位，为顾客营造琳琅满目、气氛浓郁的商业氛围。因而，四合院的封闭性和商业街的开放性之间的矛盾成为项目设计必须解决的问题。

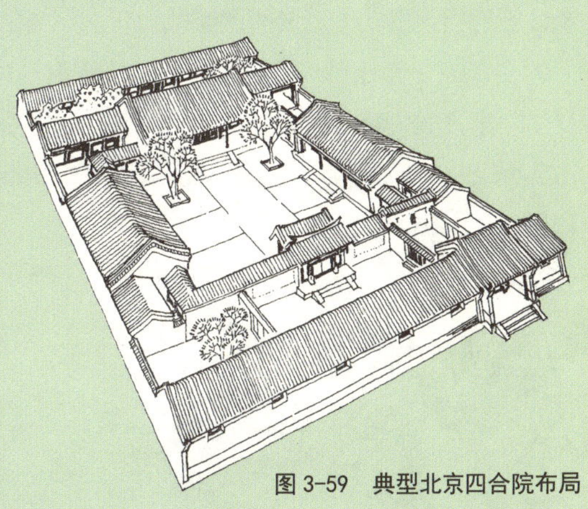

图 3-59　典型北京四合院布局

2. 建筑功能多样性与商业组群完整性的矛盾

该片商业会所分为东西两个区，东区东段为素食商业街，中段北侧为小型宾馆，中段南侧为小型水疗中心，东区西段和西区为八个风味不同的餐馆（图 3-60），组成各自独立的四合院建筑，其功能单一，相对独立，自成一体。每个建筑功能的自身特点与其他建筑有所不同，从而形成了建筑功能的多样性。

由于单体建筑功能具有多样性、独立性的特点，因而对商业群体的完整性形成冲击。如果不能形成自然有机的联系，商业组群的完整性必然受到破坏，进而对整个街区的商业氛围造成影响。如何保障每栋建筑的功能具有独立性，同时又使它们之间相辅相成、功能互补、联系密切，避免自成体系、互不往来，成为项目设计过程中必须研究的课题。

图 3-60　商业街总平面图

3. 现代商业时尚与古典建筑传统的矛盾

钢筋、玻璃、霓虹灯、LED 显示屏等新型建筑和装饰材料的运用，将现代商业建筑的气氛烘托到了极致。时尚、简洁、大气的风格因素充斥现代商业建筑的每个细节。通过对新型材料丰富多变、标新立异地使用，分隔、开闭、导引商业建筑空间，不断满足与提高顾客的猎奇心理和购物欲望。

图 3-61　中国北方传统商业街形象

“前店后厂”式的商业模式，通过牌匾、幌子、灯具等传统商业的招幌形式，形成熙熙攘攘、车水马龙的传统商业氛围（图 3-61）。手工制作的商品与作坊式建筑相呼应，封闭（后厂）、半开敞（前店）、开敞（街道）的建筑空间序列成为了古典商业街建筑独具的特色。解决时尚与传统的冲突，将成为项目设计中必须克服的困难。

解决好上述各项矛盾冲突，将成为本项目设计过程中的一个挑战。

图 3-62　展开沿街面 突破传统四合院的封闭性

三、设计过程中矛盾的解决方法

在项目设计过程中，针对不同的建筑功能，根据其特点，采用了不同的解决方法。力求在维持模式口地区历史原貌的前提下，对建筑局部的功能与形式分别进行分析和调整，使功能和形式之间的矛盾得以解决。具体方法如下：

1. 封闭性与开放性矛盾的解决方式

四合院四面实墙的封闭性阻碍了商业街的氛围，因而将沿商业街一侧的立面打开，使商业氛围立刻融入到建筑中去（图 3-62）。

宾馆（图 3-63）和水疗中心（图 3-64）的建筑功能都对私密性有不同程度的要求，完全打开会影响各自的私密性，完全封闭则影响商业街氛围的连续性。解决的方式是使原有建筑功能后退一跨，沿街一跨形成商业店铺，以第一跨墙体为分界线，既保障了宾馆和水疗中心的安静的环境，又使商业街的连续性得以维持，同时又降低了宾馆和水疗中心的投资风险，可谓一举三得。

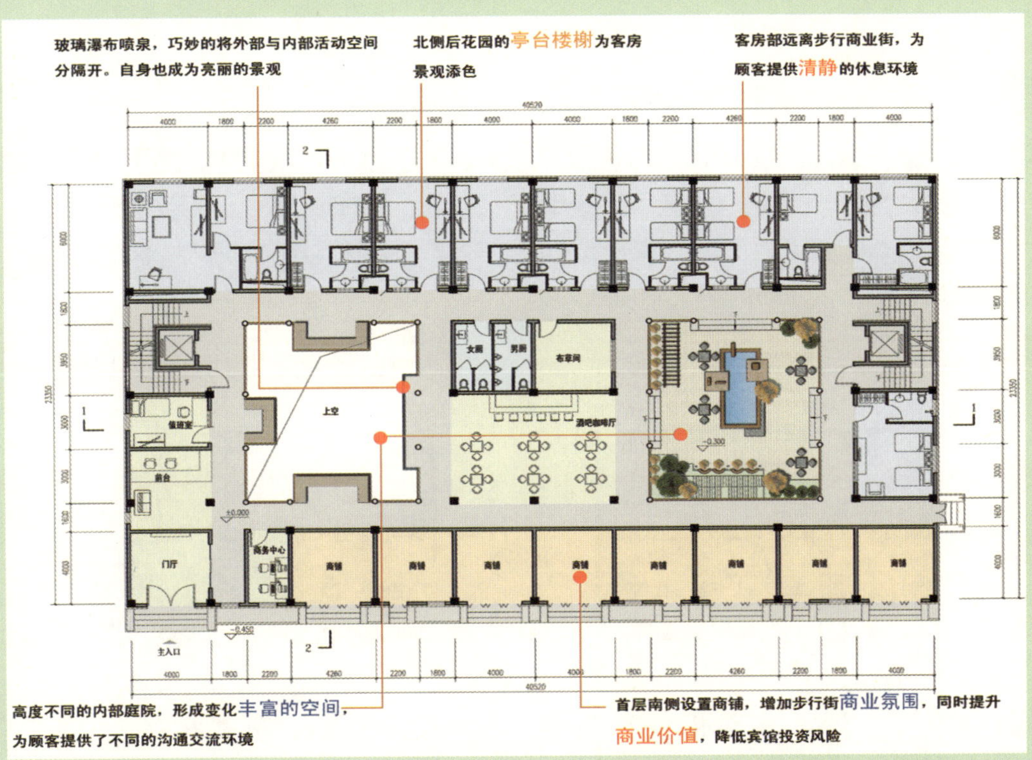

图 3-63　宾馆 首层平面

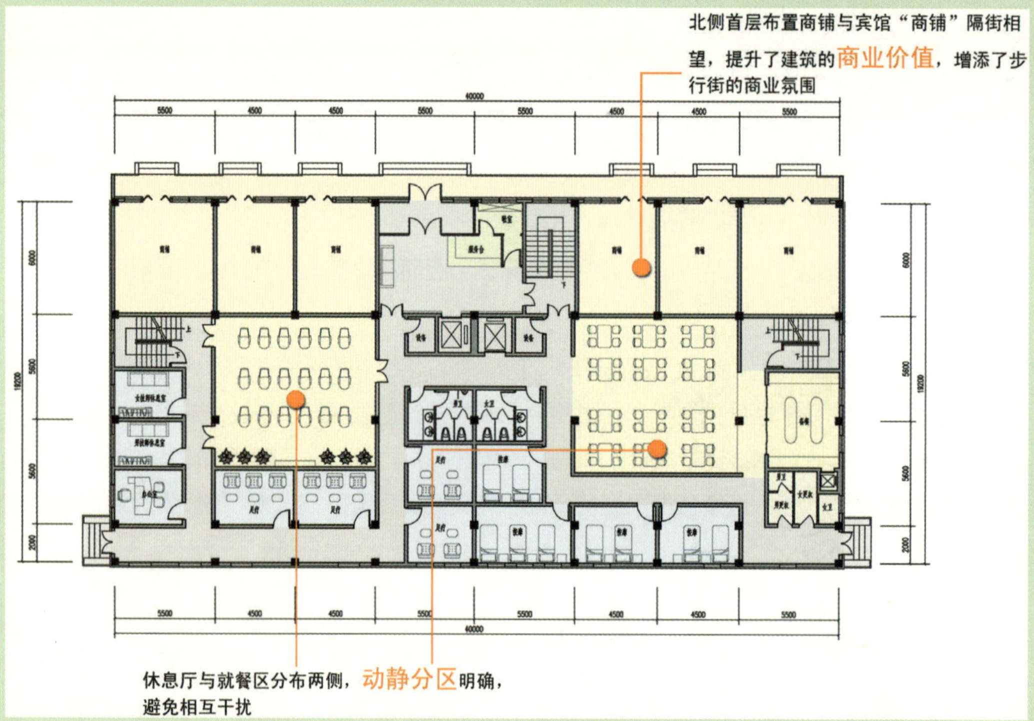

图 3-64　水疗中心　首层平面图

商业街北侧餐饮（图 3-65）和南侧餐饮（图 3-66）则采用了功能分区的方法。将气氛浓烈的餐饮大堂置于商业街一侧，南北隔街相望，既丰富了沿街商业气氛，又起到了餐厅自身的广告效应。将雅间和包厢布置到远离商业街的一侧，既能保持相对安静的环境，又与四合院内部庭院相结合，从而提高就餐环境的品质。

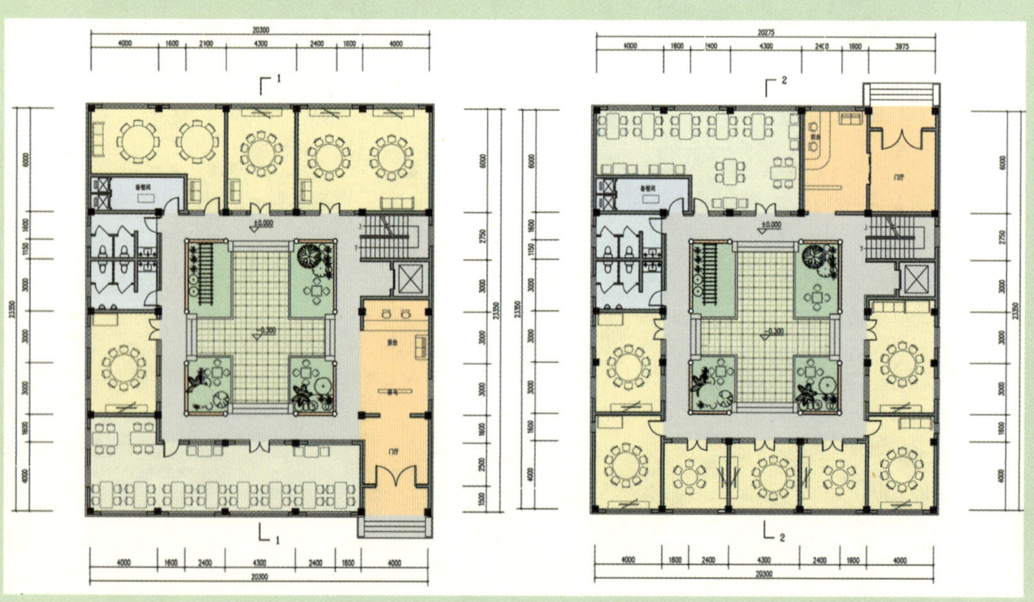

图 3-65　北侧餐饮　首层平面图　　图 3-66　南侧餐饮　首层平面图

图 3-67　素食商业街入口

东区东段为素食商业街（图 3-67），首层为室内商业步行街，收分的店铺进深形成抑扬顿挫的步行空间，更与室外商业街形成空间上的延续（图 3-68）。二层则为法海寺的香客提供了素食品尝的场所（图 3-69）。

整个建筑组群外观保持了四合院封闭、含蓄的形象，而商业街两侧空间的放开使组群整体内部空间相对开放，克服了封闭性与开放性的矛盾。

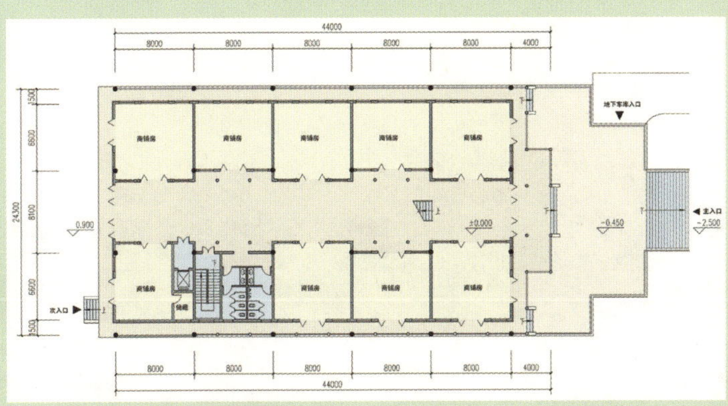

图 3-68　素食街 首层平面图

2. 多样性与完整性矛盾的解决方式

餐饮、购物、住宿、水疗等独立经营的多样性，难免破坏商业组群的完整性。项目设计通过地面游廊和地下通道的连接，将各单元建筑连为一体，使单元从属于整体，既保障了单体独自运营良好，又为整体提供了互补功能。宾馆除早餐厅外，不再另设宴会厅，可与其他餐馆形成联营关系，同时和水疗中心形成优势互补。不同风味的多个餐馆与素食街相呼应，提高了同类商业业态集中性。

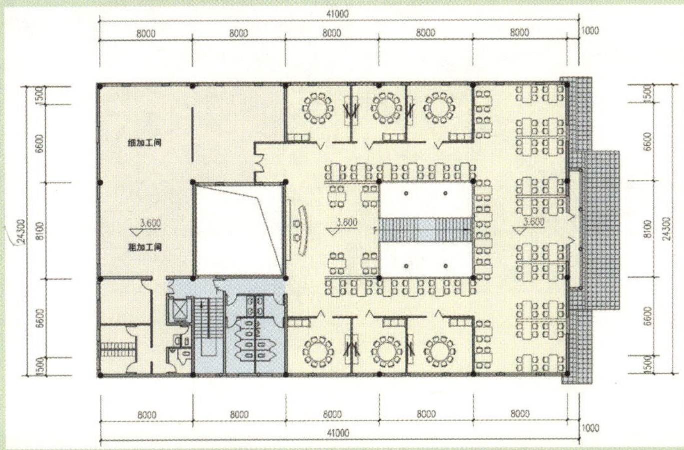

图 3-69　素食街 二层平面图

各栋建筑围合成曲径通幽的步行空间，利用商业街将各个建筑串联在一起，形成商业组群。每栋建筑之间半围合的小型梯形广场组成丰富多变的院落空间。在项目设计过程中，运用动态因素（步行街）和静态因素（休闲广场），将多栋四合院建筑组合成一个完整的商业街区，避免了多样性与完整性的冲突（图 3-70）。

3. 时尚现代与传统古典矛盾的解决方式

因为该项目的特殊性决定了建筑形式必须从属于整个模式口地区的风格，所以应以传统古典的形式为主，古为今用，辅以时尚现代的因素作点缀，力争做到大面积协调，小面积对比。运用现代装饰材料体现古典建筑元素和符号，将时尚因素融入到传统商业建筑中去，避免现代风格成为主导因素，使之符合模式口区域的古典建筑脉络。

综上所述，可以看出，任何项目建设都会受到这样或那样的外部条件的限制和制约。为使项目建设达到预期的结果，必须认真分析其中的矛盾，对各种限制条件加以利用，找出解决矛盾的方法，使之相辅相成、和谐共生。因而分析矛盾和解决矛盾必然成为项目设计中不可回避的过程。

图 3-70　模式口商业街鸟瞰图

建筑概念设计方法浅析
——以西安临潼湿地公园 A、B 地块概念设计为例

建筑概念设计作为建筑设计过程中的一个阶段，具有与其他设计阶段不同的特点。由于业主对用地只有大致的建设方向，而没有非常具体的建筑功能配比和明确的业态定位，因而建筑师在概念设计过程中，除了为业主提供建筑概念设计方案图纸外，还应为业主提供建筑功能的概念性建议，以协助业主对未来建筑的业态和运营模式有更加清晰的思路。

目前，很多建筑师将头脑中固有的建筑形式、建筑立面和建筑空间，甚至将过去经历的设计方案稍加修改后直接安插于业主提供的用地环境中去，虽然有时也能赢得业主的认可，但是很难与项目状况丝丝入扣。如何使建筑既满足功能需求又形成自己的个性和特点，同时又为业主带来回报，建筑概念设计的方法在这里就显得尤为重要。

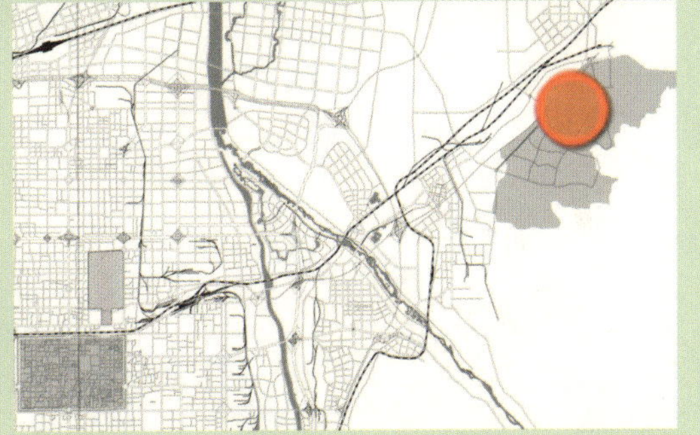
图 3-71　项目区位图

概念设计方法大致可分为四个阶段，即观察、思考、分析、解决。通过对用地现状的观察，寻找用地的特点并发现问题，作为方案设计的目标，然后对问题进行客观的思考，分析用地的优点和缺点，最后通过有的放矢的方案设计来解决问题，克服用地存在的缺陷，发挥用地原有的优势，使建筑与用地融为一体，成为与环境和谐共存的有机生长建筑。

下面以西安临潼湿地公园 A、B 地块的概念设计为例，浅析概念设计的方法。

一、观察

A 地块用于餐饮集中区域开发，占地 0.67 公顷；B 地块用于娱乐性（KTV、酒吧、茶楼、棋牌等）区域建设，占地 0.6 公顷。两地块位于西安市区与临潼区之间（图 3-71），东侧为骊山风景区，东北侧有华清池景区，地理位置优越，依山就势，自然景观优美，同时紧邻十三朝古都西安，历史文化源远流长。

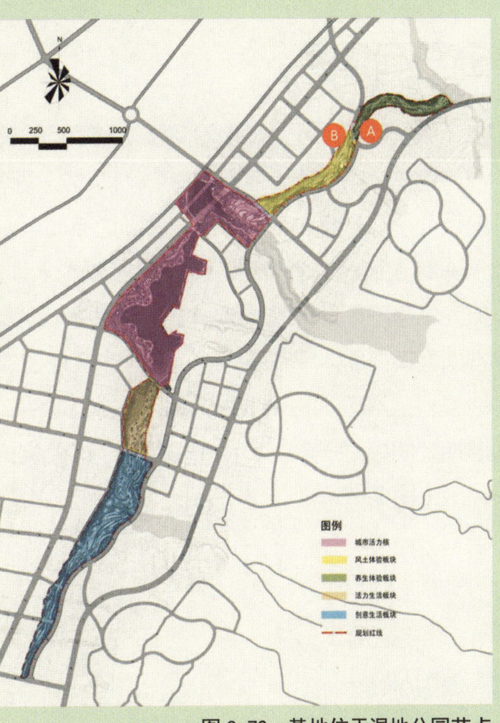

图 3-72　基地位于湿地公园节点

A、B 地块的用地紧靠临潼国家旅游休闲度假区中央湿地公园芷阳段（图 3-72），用

地北侧为国宾馆、温泉度假酒店、商务中心等（图 3-73）。通过观察发现项目用地的共同劣势是受到周围建筑群体相同业态（如酒店和度假村里的餐饮和娱乐）的竞争冲击，如何避免由于竞争带来的顾客分流，使建筑成为特色性餐饮和娱乐建筑，将是未来设计过程中主要解决的问题；项目用地的共同优势是湿地公园为项目带来的优质景观点，充分利用湿地景观并将之转化为建筑特色，“为建筑所用”也将成为概念设计过程中至关重要的一点。

图 3-73　基地周边业态状况分析图

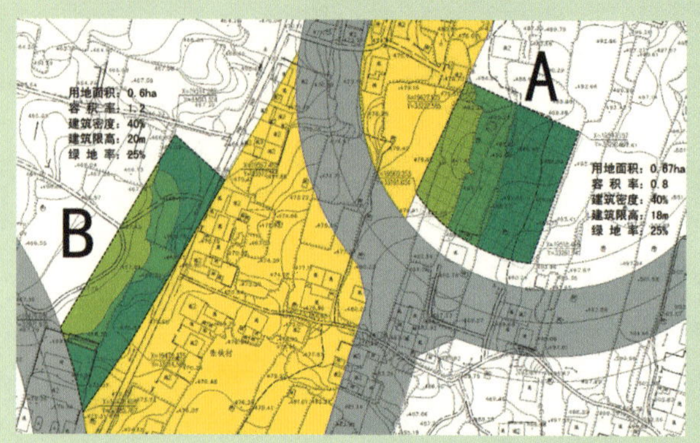

图 3-74　用地标高分析图

A 地块用地特征为：地形方正，西侧为湿地公园，地势标高形成三个较为平整的台地，高差在 3~4 米之间；B 地块用地特征为：地形狭长，沿街界面较窄，标高无规律，东侧为湿地景观（图 3-74）。两个地块的不同特征约束了概念设计，如何充分利用地形和地势特点，成为概念设计首要解决的一个问题。

二、思考

根据观察过程中发现的问题，对项目设计进行思考。首先应克服项目存在的劣势，通过发挥项目拥有的优势，规避商业竞争和冲突，形成与周边餐饮和娱乐等商业业态不同的特点。将外部景观融入建筑本身，成为本身不可分割的一部分，充分利用湿地景观，一方面营造内部休闲空间环境，另一方面使建筑成为湿地公园自然环境的一部分，从而为公园增色。建筑与湿地公园融为一体，二者相辅相成，有机生长，和谐共融（图 3-75）。

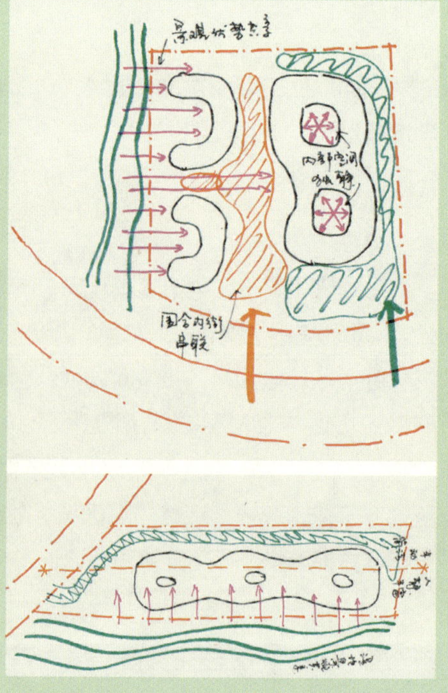
图 3-75　A，B 地块概念构思一草

A 地块应解决的问题主要是：将湿地景观引入建筑庭院和内街，借景生意、步移景异；西侧半围合空间与湿地公园紧密融合，相互穿插和渗透；东侧围合空间相对独立，与西侧半围合空间相呼应，提供封闭和开放的多重选择；根据地形特点，形成三个台地标高，既减少土方施工量，降低初期土建投资造价，又形成跌落有致的空间形象；充分利用室外露台空间，既丰富沿河景观，又增加营业面积，提高经济效益（图 3-76）。

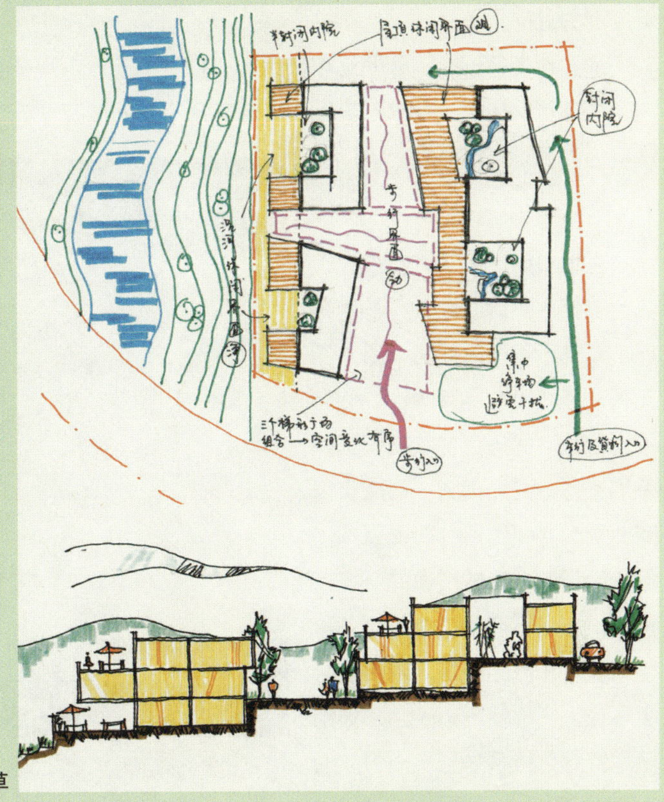

图 3-76　A 地块概念构思二草

B 地块应解决的问题主要是：将建筑体量分为三段式，避免地段狭长造成建筑外形的单一；使湿地景观渗入建筑之间的灰空间，丰富内外空间的交流，杜绝建筑成为一段城墙，造成对西侧用地的封闭式遮挡；竖向空间功能为自下而上，体现由动到静、由开放到私密的特点；设计两个台地标高，形成跌落有致的空间形象，使内部界面得到丰富，又与湿地公园相互融合（图 3-77）。

图 3-77　B 地块概念构思二草

三、分析

通过对项目现有问题的观察和思考，基本确定概念设计的方向，以此作为设计依据，分别对两个项目从功能、交通、绿化、景观等几个方面展开分析，为最终解决概念设计的问题做好铺垫。

A 地块用地中，将餐饮建筑分为三组，临近湿地公园一侧布置主题餐厅和私家厨房，另一侧布置规模较大的品牌餐饮，使之相辅相成、优势互补。交通组织采用人车分流的模式，形成步行商业街。中间和沿公园侧采用步行人流设计，形成安逸的环境；东侧设置车行道和货物通廊，避免人流和车流的交叉。中央步行街可作为紧急情况下的消防环路使用。绿化体系分层次设置。沿河绿化带与步行绿化带平行设置，通过通廊和小型广场相连接；庭院绿化分布其中，形成景观绿化节点；屋顶绿化使绿化系统立体化 ,形成竖向上的衔接(图 3-78)。

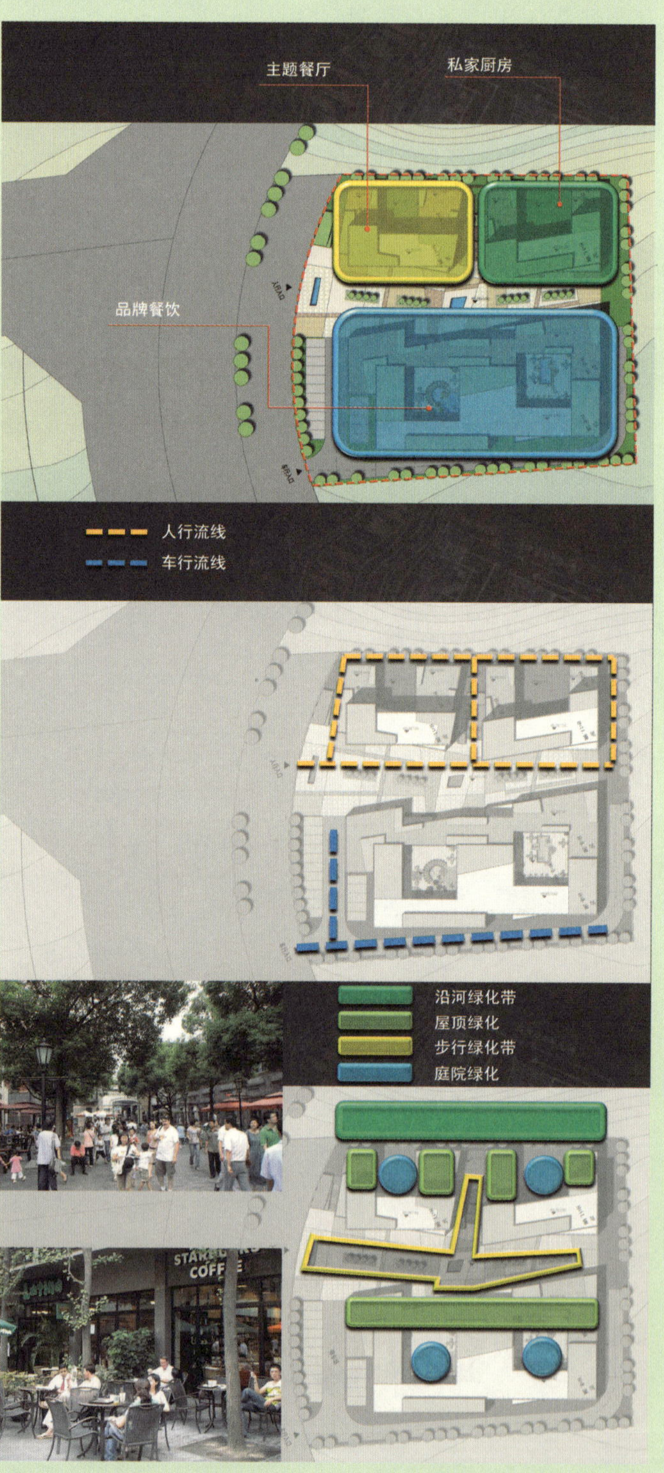

图 3-78　A 地块功能 交通 绿化分析图

B 地块的功能布局按照竖向进行划分：底层设置开放性娱乐设施（KTV 练歌房等）；中间层为安静性娱乐内容（酒吧、咖啡、茶馆等）；顶层布置私密性较强的娱乐功能（棋牌、足疗、按摩等）。竖向交通分开，功能分区明确，避免相互干扰。交通组织采用线形平行体系，步行空间贯穿建筑内部并以沿湿地公园为主干线，车行布置在建筑西侧，方便顾客下车后直达目的地，并在尽端布置消防车回车场。主入口布置集中的广场绿化、步行绿化、屋顶绿化、沿河绿化层层递进，形成层次感分明的绿化空间体系（图 3-79）。

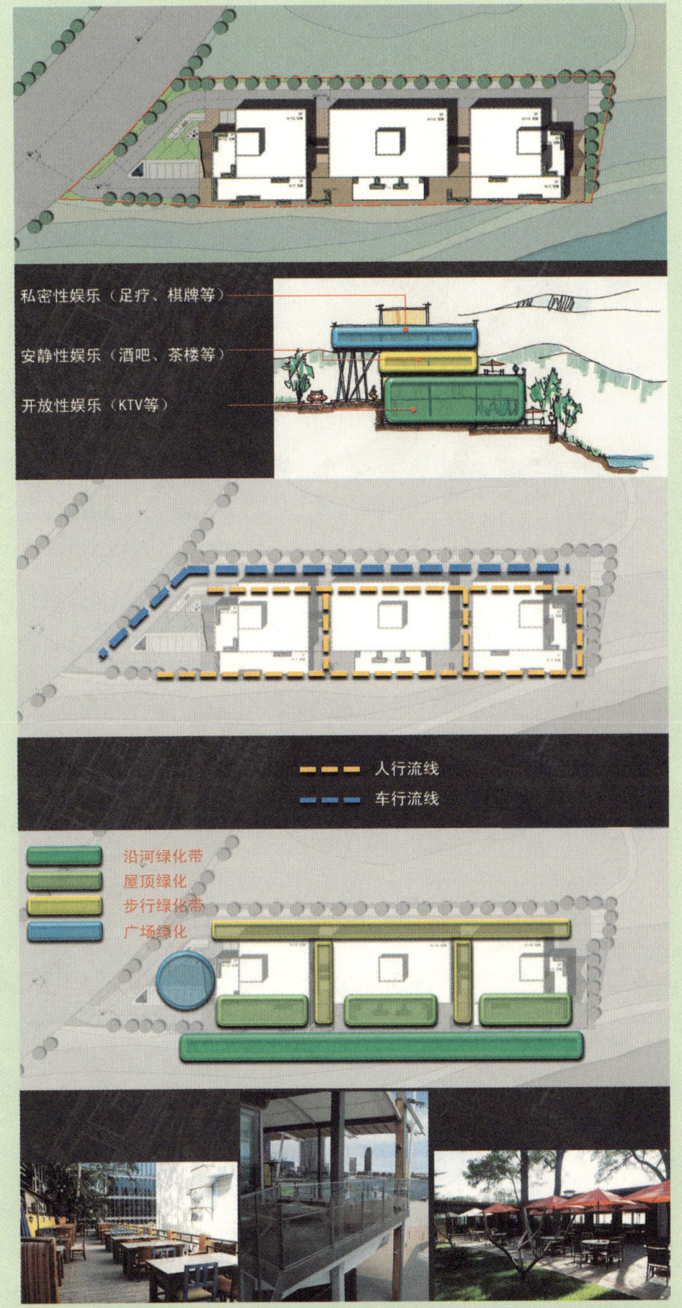

图 3-79　B 地块功能 交通 绿化分析图

四、解决

经过上述的详细观察、认真思考、全面分析后，进入概念设计的解决过程。通过运用建筑整体与细节的设计手段，完成概念设计的要求，提出建筑的发展方向，达到解决问题的目的。

图 3-80　A 地块首层平面图

图 3-81　A 地块入口透视

A 地块三栋相对独立的餐饮建筑通过三个梯形广场相连接(图 3-80)，使之成为不可分割的一个整体。广场与人体尺度相融合，给人以亲切自由的感觉。主入口呈喇叭口形式（图 3-81），呈现张开双臂欢迎的姿态。中央广场两侧餐厅的沿街部分布置就餐散座，通过玻璃幕墙形成对视效果，扩大建筑空间的景深，营造了商业气氛。广场之间的起承转合形成抑扬顿挫的空间序列，使人油然而生柳暗花明、豁然开朗的感觉。西侧餐饮建筑采用半围合布局，庭院面向湿地公园打开，使公园景观渗入建筑中，餐饮空间非常丰富（图 3-82），拥有露台餐厅、挑空餐厅、景观餐厅、沿河餐厅等多种餐厅形式。东侧餐饮建筑采用围合式布局，建筑内部形成两个独

图 3-82　多种餐饮空间的变化相互交织在一起

图 3-83 A 地块二层平面图

图 3-84 内部庭院为就餐环境提供多种选择

立的内部围合庭院，庭院就餐、露台就餐、室内就餐空间丰富了食客的视线交流，为顾客营造了恬静的就餐环境和多变的选择。同时，自然山水的庭院微空间设计，体现了品牌餐厅的饮食文化氛围（图 3-83、图 3-84）

整体建筑风格以现代为主（图 3-85），辅以古典建筑元素，并对古典建筑构件加以提炼、简化，形成符号化建筑细部，体现西安地域文化特色，建筑细部采用简约、明快的风格，符合唐代古典建筑华美而不纤巧，舒展而不张扬的气质。建筑细节，运用大面积调和、小面积对比的手法，给人以整体统一而又富于变化的感觉。建筑整体的跌落形式（图 3-86）塑造了别有情趣的饮食环境，有别于周围酒店、度假村的餐饮，减少行业冲击，扬长避短，规避投资风险，结合湿地景观，形成独特的时尚、个性的餐饮特点。建筑本身作为颇具特色的景观节点，也为湿地景观公园增色，成为了和谐共融的有机建筑。

图 3-85 A 地块鸟瞰图

图 3-86　湿地公园一侧的跌落形式与自然融为一体

图 3-87　B 地块入口透视图

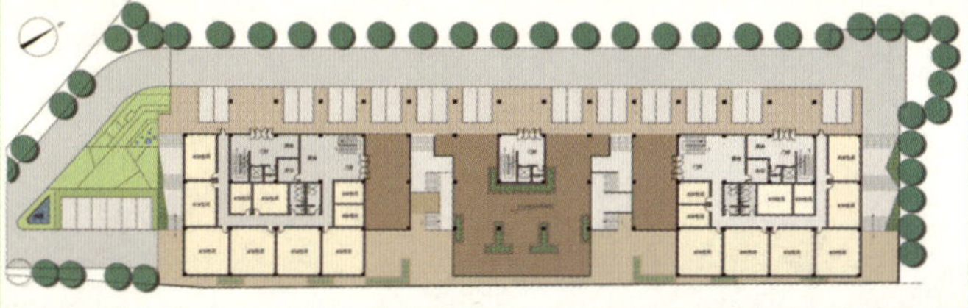

图 3-88　B 地块首层平面图

B 地块在入口处设置形象广场(图 3-87),形成视觉焦点，增加顾客的猎奇心理，弥补沿街面过小带来的缺陷。三个核心筒为楼上部分单独设置入口（图 3-88），避免楼上与下部人流发生交叉。KTV 上层为包间，下层为大厅，功能上既相互联系，又减少干扰。半室外休闲茶座与 KTV 相互结合，为顾客提供多种选择。沿河休息廊创造过渡空间，聚集建筑的商业气氛。户外酒吧和茶座(图 3-89)为顾客营造一边观赏、一边交流、一边品尝的异样情趣。棋牌、足疗、按摩位于建筑顶层，避免无关人员的影响，保证了使用的私密性。户外足疗、按摩平台更提供了使用的多样性。

图 3-89　户外酒吧和茶座既丰富了建筑形象又增加了营业面积

狭长的地形特点使建筑的

布局受到了局限，因而只能沿湿地公园顺向布置。底层局部架空，避免建筑体量过长带来的封闭性（图 3-90）。通过屋顶露台和出挑平台的穿插，将湿地景观引入建筑内部，成为建筑的一部分。建筑的通透和空间的变化，增强了娱乐建筑的趣味性（图 3-91）。建筑风格以现代简约为主，点缀以经过提炼的古典建筑符号，通过灰白两种墙面的对比，形成含蓄、内敛的风格。建筑立面避免琐碎的细节刻画，主要通过建筑体量的穿插形成丰富多变的空间（图 3-92），给人以清新隽永的感觉。方案设计的主要特点是：空间变化丰富、结构体系简单、土建造价低廉，同时能增加营业面积，营造娱乐氛围，提高经济效益。建筑作为湿地景观公园一个休闲娱乐的驿站，成为公园周边建筑的一部分，融入到自然中去。

图 3-90　建筑底层局部架空避免狭长建筑的封闭性

图 3-91　建筑与湿地景观相互渗透和谐共生

上述方案通过四个过程的工作，使方案具有了惟一性，即方案只能建在经过深思熟虑的用地范围内，放置任何其他地方，方案都失去了存在的意义，因而也具备了不可复制性。

综上所述，概念设计只有通过观察、思考、分析、解决四个阶段，才能将建筑设计真正与用地环境充分结合，使建筑与自然环境融为一体。

图 3-92　B 地块鸟瞰图

部分学术观点仅属个人见解

热烈欢迎持不同意见者指正

十年设计

2001—北京顺义枯柳树回民营新村　北京富海国际港　北京锡华幼儿园
2002—河北大学博物馆　南京市政府驻京办事处　天津海泰绿色产业基地
　　北京华航科技有限公司　保定市国土资源交易市场
　　济南大学化学化工楼
2003—黑龙江省直老干部活动中心　北京金融街F10（1）办公楼
　　北京工业大学软件学院　北京金长城包装材料有限公司
　　北京威尔机械制造有限公司　烟台莱山三园大厦
2004—新疆生产建设兵团机关综合楼　江苏大学京江学院教学综合楼
　　北京西马住宅小区二期
2005—北京金融街北丰 BCD 写字楼
2006—呼和浩特市国家税务局办公楼　东营市人民医院综合病房楼
　　北京市海淀文化艺术中心　烟台佳世客购物中心
2007—外交部新闻领事中心综合办公楼　河南安阳金博门世纪城写字楼
　　济南彩石山庄销售中心　辽宁兴城海星温泉度假村　山西省图书馆
　　济南阳光舜城二区 B 地块　上海长甲保健品有限公司科技研发中心
2008—潍坊市白浪绿岛地下商城　北京大红门银泰购物中心
　　西安延长石油勘探开发研究楼　珠海歌剧院　中弘北京像素 1 号地
2009—烟台金贸中心暨祥隆大厦　四川省什邡市红白镇政府办公楼
　　三亚市游客到访中心　哈西住宅小区规划
2010—北京升旗宾馆　天津保利玫瑰湾 B 地块
　　北京模式口商业街　西安国家民用航天产业园基地
2011—西安临潼湿地公园 A、B 地块餐饮娱乐建筑

2001
北京顺义枯柳树回民营新村

建设地点：北京市顺义区
工程规模：41.07 万平方米
设计时间：2001.1
参与阶段：规划设计
设计团队：方案设计：韩秀琦、张雪峰、王 珣

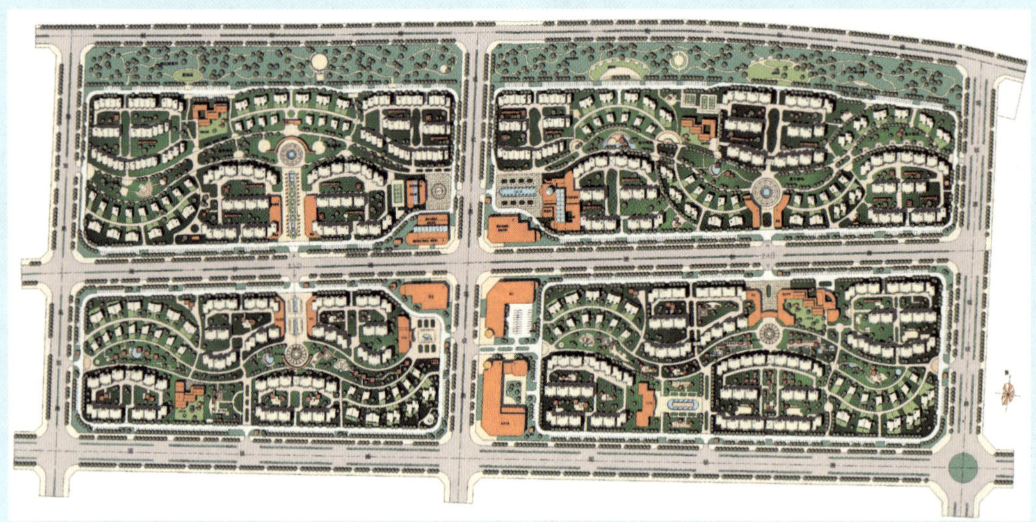

2001
北京富海国际港

建设地点：北京市海淀区大柳树路 15 号
工程规模：15.9 万平方米（地上 11.4 万平方米，地下 4.5 万平方米）
设计时间：2001.3-2002.8
竣工时间：2004.5
参与阶段：方案设计、初步设计、施工图设计
设计团队：
方案 设计：王 珣、张 弛、张雪峰、陈 力、吴 斌、王 骅、段 伟等
施工图设计：
工程主持人：张 弛、刘明军
建筑 专业：王 珣、赵 卓、林 蕾、魏 红、魏 辰、盛 晔、吴吉明
结构 专业：詹 谊、李海峰、郝 清、郑红卫
给水排水专业：杨 澎、苏兆征、蒋春艳
暖通 专业：邬可文、李 正、杨向红
电气 专业：曹葆生、徐冬梅、孙海龙

2001
北京锡华幼儿园

建设地点：北京市经济技术开发区 8 号街区
工程规模：13600 平方米
设计时间：2001. 12
竣工时间：2003. 5
参与阶段：方案设计
设计团队：
方案指导：王　泉
方案设计：王　珣

2002
河北大学博物馆

建设地点：河北大学北校区西部
工程规模：6200 平方米（地上 5300 平方米，地下 900 平方米）
设计时间：2002. 6
参与阶段：方案设计
设计团队：方案设计：王　珣

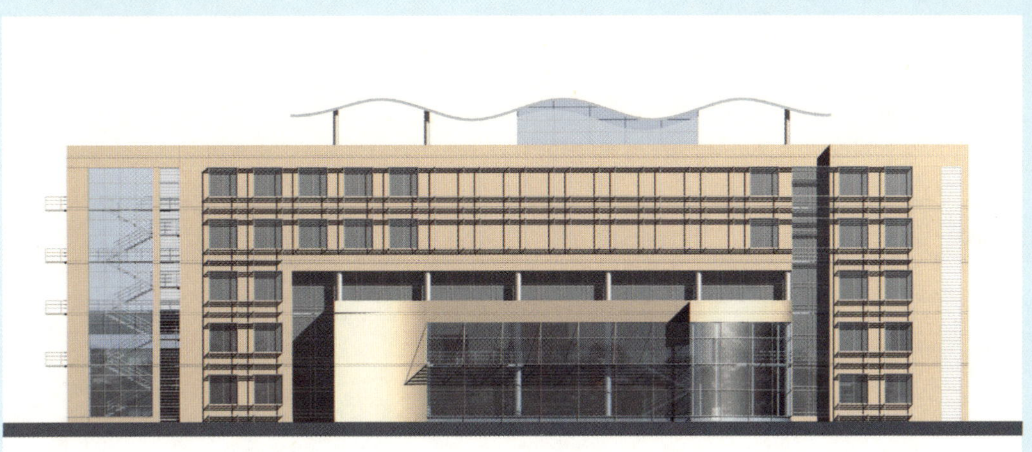

2002
南京市政府驻京办事处

建设地点：北京市西城区西廊下胡同 51 号
设计时间：2002.7
参与阶段：立面改造方案设计
设计团队：方案设计：王　珣

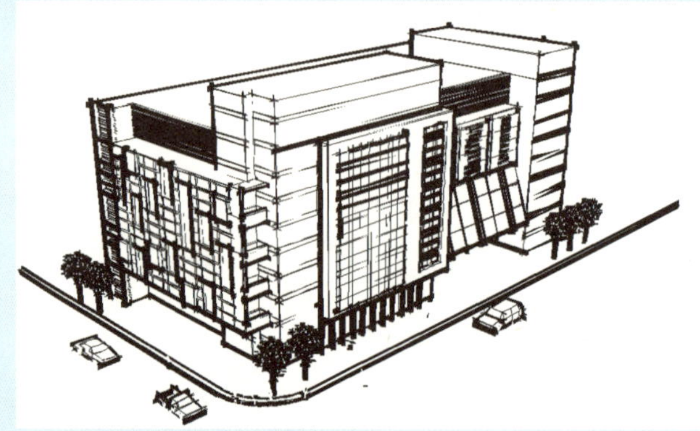

2002
天津海泰绿色产业基地

建设地点：天津西青区 华苑产业区海泰绿色产业基地海泰发展六道
工程规模：58 万平方米
设计时间：2002.7-2002.9
参与阶段：总体规划方案设计
设计团队：
方案设计：张　琪、王　珣、
史秋实、张小雷
王　野、辛江莲、
吴吉明等

2002
北京华航科技有限公司

建设地点：北京市通州区
设计时间：2002.8
参与阶段：立面改造方案设计
设计团队：方案设计：王　珣

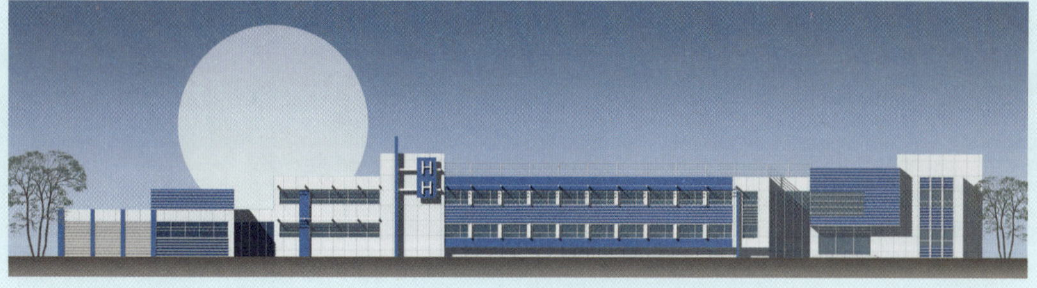

2002
保定市国土资源交易市场

建设地点：河北省保定市七一路
工程规模：12500 平方米（地上 10700 平方米，地下 1800 平方米）
设计时间：2002.11
参与阶段：方案设计
设计团队：
方案设计：王　珣、魏　辰

2002
济南大学化学化工楼

建设地点：济南大学新校区东侧
工程规模：20500 平方米
（地上 17500 平方米，
地下 3000 平方米）
设计时间：2002.12
参与阶段：方案设计
设计团队：
方案设计：张雪峰、王　珣
魏　辰、魏　红

2003
黑龙江省直老干部活动中心

建设地点：哈尔滨市南岗区经济技术开发区东侧
工程规模：33400 平方米（地上 27900 平方米，地下 5500 平方米）
设计时间：2003.1-2003.6
竣工时间：2005.7
参与阶段：方案设计、初步设计
设计团队：
方案指导：张　琪
方案设计：王　珣、张小雷、史秋实
初步设计：
工程主持人：刘明军、张　琪
建筑　专业：王　珣、林　蕾、张小雷
结构　专业：詹　谊、郝　清、郑红卫
给水排水专业：杨　澎、苏兆征
暖通　专业：邬可文、李　正
电气　专业：曹葆生、孙海龙

2003
北京金融街 F10（1）办公楼

建设地点：北京市西城区金城坊南街、广宁伯街
工程规模：40100 平方米
（地上 28200 平方米，
地下 11900 平方米）
设计时间：2003.3
参与阶段：总体规划方案设计
设计团队：
方案设计：王　珣

2003
北京工业大学软件学院

建设地点：北京市亦庄经济技术开发区40号街区
工程规模：52600平方米（地上47800平方米，地下4800平方米）
设计时间：2003.7
参与阶段：方案设计
设计团队：
方案指导：王　泉
方案设计：王　珣

2003
北京金长城包装材料有限公司

建设地点：北京市通州区永乐经济技术开发区
工程规模：15000平方米
设计时间：2003.8
参与阶段：方案设计
设计团队：
方案设计：王　珣

2003
北京威尔机械制造有限公司

建设地点：北京市丰台区
工程规模：5200 平方米
设计时间：2003.10
参与阶段：方案设计
设计团队：
方案设计：王　珣

2003
烟台莱山三园大厦

建设地点：烟台市莱山区源盛路
工程规模：49600 平方米
（地上 46300 平方米，
地下 3300 平方米）
设计时间：2003.12
参与阶段：方案设计
设计团队：
方案指导：王　泉
方案设计：王　珣

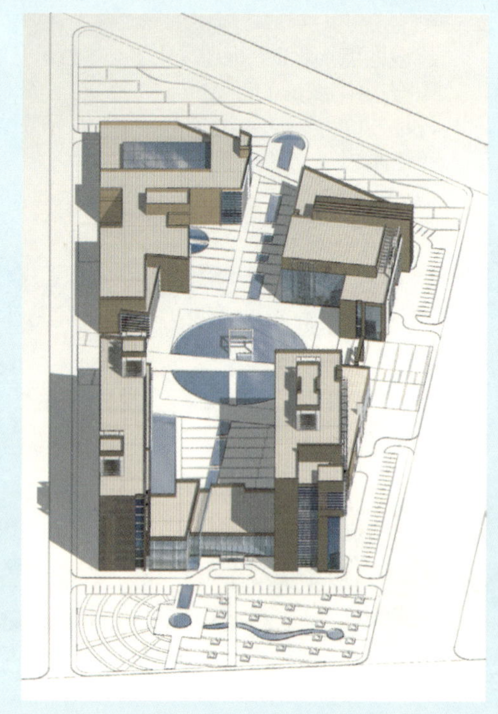

2004
新疆生产建设兵团机关综合楼

建设地点：乌鲁木齐市兵团机关大院北院
工程规模：54600 平方米（地上 46700 平方米，地下 7900 平方米）
设计时间：2004.1
参与阶段：方案设计
设计团队：
方案设计：景　泉、王　珣、李静威、杜　滨

2004
江苏大学京江学院教学综合楼

建设地点：江苏大学校本部新校区
工程规模：33900 平方米
设计时间：2004.3
参与阶段：方案设计
设计团队：
方案设计：王　珣

2004
北京西马住宅小区二期

建设地点：北京市丰台区西马厂南里 7 号
工程规模：16.2 万平方米（地上 11.9 万平方米，地下 4.3 万平方米）
设计时间：2004.4-2004.11
竣工时间：2006.6
参与阶段：初步设计、施工图设计
设计团队：
工程主持人：陈一峰、顾　群
建筑　专业：王　珣、祁红雷、姜宝杰
李　跃、郑云波、钱　英
结构　专业：谭　兵、李卓东、敬　平
徐　军等
给水排水专业：曾永涛、姜　平、李晓峰等
暖通　专业：张　兢、许　骏等
电气　专业：李凤栩等
概算　专业：孙燕西、金莉莉

2005
北京金融街北丰 BCD 写字楼

建设地点：北京市西城区太平桥大街 84 号
工程规模：12.0 万平方米（地上 8.4 万平方米，地下 3.6 万平方米）
设计时间：2004.11-2006.4
竣工时间：2008.6
参与阶段：方案设计、初步设计、施工图设计
设计团队：
工程主持人：林　琳、王　珣
建筑　专业：周似齐、张东华、李　兵
洪　泳
结构　专业：姚纪庆、刘国友、王　燕
王伟风、吴淑兰
给水排水专业：曾永涛、古　晏、李安达
姚立人、孙颖慧
暖通　专业：渠　谦、冯忠国、张　兢
刘　冰、许　骏、李　岩
卫军锋
电气　专业：黄祖凯、李立晓、宋晓梅
刘　霄、李凤栩、刘银玲
刘莉馨

2006
呼和浩特市国家税务局办公楼

建设地点：内蒙古自治区呼和浩特市金桥开发区世纪六路
工程规模：24000 平方米（地上 22000 平方米，地下 2000 平方米）
设计时间：2006.1
参与阶段：方案设计
设计团队：
方案指导：顾　均
方案设计：王　珣

2006
东营市人民医院综合病房楼

建设地点：山东省东营市东城南一路
工程规模：60900 平方米（地上 55600 平方米，地下 5300 平方米）
设计时间：2006.3
参与阶段：方案设计
设计团队：
方案设计：林　琳、顾　均
王　珣、周似齐
张东华

2006
北京市海淀文化艺术中心

建设地点：北京市海淀区环保园一路
工程规模：55600 平方米
设计时间：2006.7
参与阶段：概念方案设计
设计团队：
方案设计：王　珣

2006
烟台佳世客购物中心

建设地点：烟台市莱山区迎春大街与观海路交界处
工程规模：65700 平方米
设计时间：2006.10-2006.12
竣工时间：2008.7
参与阶段：初步设计
设计团队：
工程主持人：林　琳、王　珣
建筑　专业：祁红雷、侯彦婷
结构　专业：胡天兵、申　林
给水排水专业：曾永涛等
暖通　专业：刘　冰等
电气　专业：黄祖凯等

2007
外交部新闻领事中心综合办公楼

建设地点：北京市东二环路朝阳门南大街2号，外交部大楼南侧
工程规模：55000平方米（地上39000平方米，地下16000平方米）
设计时间：2007.2-2007.3
参与阶段：方案设计
设计团队：
方案指导：
刘光亚、王　泉、回彧龙
方案设计：
王　珣、刘凌晨、蔡善毅
罗文权、时　凯

2007
河南安阳金博门世纪城写字楼

建设地点：河南省安阳市殷都区钢化路
工程规模：11.16万平方米（地上9.67万平方米，地下1.49万平方米）
设计时间：2007.3-2007.11
参与阶段：方案设计、初步设计
设计团队：
方案设计：王　珣、刘凌晨
石燕君
初步设计：
工程主持人：王　珣
建筑　专业：刘凌晨、刘　杉
结构　专业：石伟民、王换丽
朱志荣
给水排水专业：娄威、王永刚
暖通　专业：乔　兵、郭　培
电气　专业：张吉文、王军昌

2007
济南彩石山庄销售中心

建设地点：济南市经十东路，彩石山庄小区北侧入口处
工程规模：2100 平方米
设计时间：2007.4
参与阶段：方案设计
设计团队：
方案设计：王　珣、石燕君、陶　嘉

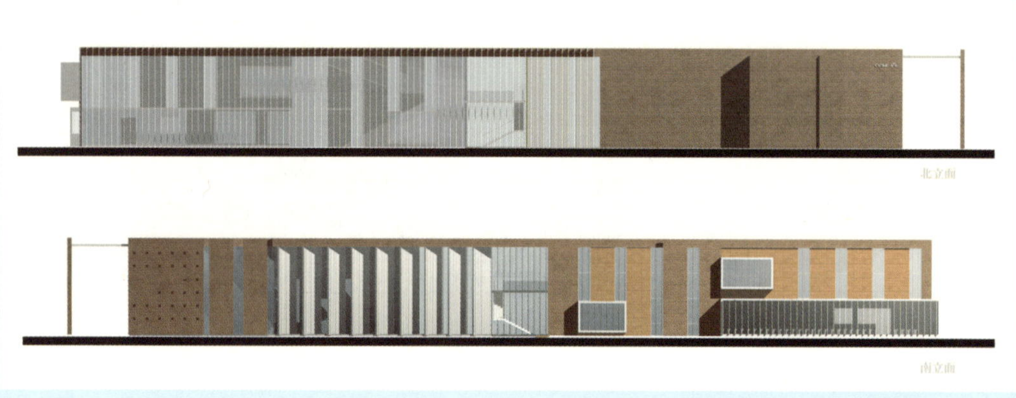

2007
辽宁兴城海星温泉度假村

建设地点：辽宁省兴城市兴海南路化工部疗养院
工程规模：80800 平方米
设计时间：2007.5
参与阶段：方案设计
设计团队：
方案设计：
李春实、王　珣
史秋实、王海江

2007
山西省图书馆

建设地点：山西省太原市长风文化商务区的“文化岛”
工程规模：4.97 万平方米（地上 4.37 万平方米，地下 0.6 万平方米）
设计时间：2007.5
参与阶段：方案设计
设计团队：
方案指导：刘光亚、王　泉
方案设计：王　珣、刘　杉、刘凌晨、宋　琨、石燕君

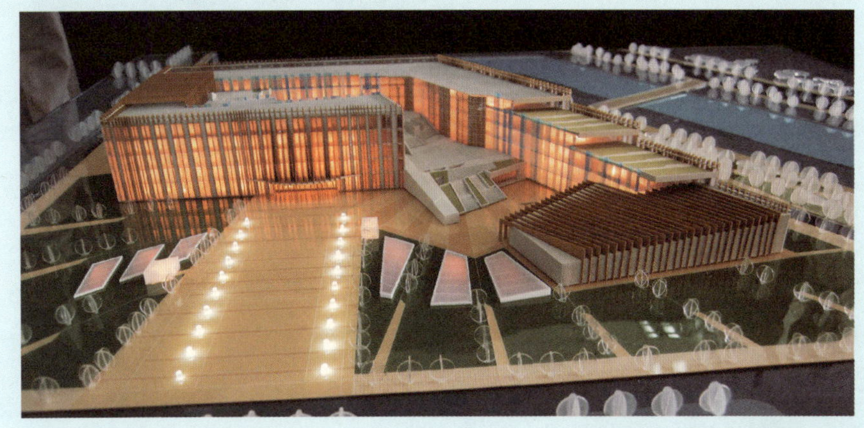

2007
济南阳光舜城二区 B 地块

建设地点：济南市兴济河南岸，西临舜德路、南临二环南路，东侧为鲁能训练基地
工程规模：29.06 万平方米（地上 20.75 万平方米，地下 8.31 万平方米）
设计时间：2007.9-2007.12
竣工时间：2010.1
参与阶段：初步设计、施工图设计
设计团队：
工程主持人：王　珣、刘　冰
建筑　专业：陆　斌、王　旭、尹中强、朱　彤
李　丽、马宏彪、屠　波、张　蕾
结构　专业：汪　伟、石伟民、张冬梅、班利生
王红彦、王换丽、王珍珍、朱志荣
闫志冬、王丽明、杨德福、李广收
给水排水专业：张乃日、胡　波、陈　静
暖通　专业：乔　兵、娄　威、王立波、姜　可
郭　培
电气　专业：张吉文、李　明、刘尚桥、刘冬梅
谷攀峰、赵晓忻

2007
上海长甲保健品有限公司科技研发中心

建设地点：上海市浦东新区金桥出口加工区川桥路
工程规模：28600 平方米（地上 20200 平方米，地下 8400 平方米）
设计时间：2007.11
参与阶段：方案设计
设计团队：
方案指导：赵成豪
方案设计：王　珣
李春实
王海江

2008
潍坊市白浪绿岛地下商城

建设地点：山东省潍坊市世纪泰华白浪河西岸
工程规模：80500 平方米
设计时间：2008.5-2008.9
参与阶段：方案设计、初步设计
设计团队：
方案指导：王　珣
方案设计：刘凌晨
初步设计：
工程主持人：王　珣、刘　芳
建筑　专业：刘凌晨、李　丽、宋　琨
结构　专业：石伟民、闫志冬
给水排水专业：张乃日、胡　波
暖通　专业：娄　威
郭　培
电气　专业：张吉文
刘冬梅
谷攀峰

2008
北京大红门银泰购物中心

建设地点：北京市丰台区大红门西路 26 号
工程规模：83500 平方米（地上 49500 平方米，地下 34000 平方米）
设计时间：2008. 3-2009. 12
竣工时间：2011. 5
参与阶段：方案设计、初步设计、施工图设计
设计团队：

方案　指导：王　泉
方案　设计：王　珣、蔡善毅
　　　　　　周　岩
施工图设计：
工程主持人：王　珣
建筑　专业：杜颖华、刘红东
　　　　　　王承龙、赵寿堂
结构　专业：张利军、纪福宏
　　　　　　于海雁、马立博
给水排水专业：杨正军、于馨
　　　　　　王　晶
暖通　专业：乔　兵、刘　蕊
　　　　　　井　玲
电气　专业：严　伟、张艳玲
　　　　　　申　丽

2008
西安延长石油勘探开发研究楼

建设地点：陕西省西安市
设计时间：2008. 8
参与阶段：立面方案设计
设计团队：
方案设计：王　珣、门泉城

2008
珠海歌剧院

建设地点：珠海市香洲区野狸岛北侧填海区
工程规模：4.3 万平方米（地上 3.6 万平方米，地下 0.7 万平方米）
设计时间：2008.9-2008.12
参与阶段：方案设计
设计团队：
方案指导：刘光亚、王　泉
方案设计：王　珣、刘　杉、刘凌晨、高乃明、朱佳佳、宋　琨

2008
中弘北京像素 1 号地

建设地点：北京城东常营地区，南临朝阳北路，北临五里桥一街，东西两侧分别是草房东西路
工程规模：32.55 万平方米
（地上 24.22 万平方米，地下 8.33 万平方米）
设计时间：2008.11-2009.9
竣工时间：在建
参与阶段：初步设计、施工图设计
设计团队：
工程主持人：王　珣、陆　斌
建筑　专业：宋　歌、李　丽、赵　磊、李子瑄
刘凌晨、朱佳佳
结构　专业：石伟民、孙　强、田月萍、班利生
朱志荣、王换丽、王珍珍、周家齐
闫志冬、郑博约、张晓亮、王丽明
杨德付、李广收、高祎波
给水排水专业：张乃日、胡　波、陈　静、
王永刚、郭　培
暖通　专业：乔　兵、刘振民、娄　威、王立波
姜　可
电气　专业：张吉文、谷攀峰、王　硕、王军昌
刘冬梅

2009
烟台金贸中心暨祥隆大厦

建设地点：烟台市莱山区迎春大街中段
工程规模：13.28 万平方米
（地上 10.45 万平方米，地下 2.83 万平方米）
设计时间：2009.2-2009.7
竣工时间：在建
参与阶段：方案设计、初步设计
设计团队：
方案指导：王　泉
方案设计：蔡善毅、薛文军、王　珣
初步设计：
工程主持人：王　珣
建筑　专业：孙　菱、刘　丽、徐　琨
结构　专业：张利军、姚松凯
给水排水专业：杨正军
暖通　专业：刘　蕊
电气　专业：严　伟
施工图设计：李仲华等

2009
四川省什邡市红白镇政府办公楼

建设地点：四川省什邡市红白镇场镇（原址重建）
工程规模：2900 平方米
设计时间：2009.8-2010.5
竣工时间：2011.5
参与阶段：方案设计、施工图设计
设计团队：
方案　指导：宋　兵、王　泉
方案　设计：王　珣、朱佳佳
施工图设计：
工程主持人：王　珣
建筑　专业：李　丽、宋　琨
结构　专业：石伟民、高祎波
给水排水专业：王永刚
暖通　专业：乔　兵
电气　专业：岳　峰

2009
三亚市游客到访中心

建设地点：海南省三亚市迎宾大道与海榆东线交界处
工程规模：5500 平方米
设计时间：2009.12
参与阶段：方案设计
设计团队：
方案指导：刘光亚、王　泉
方案设计：王　珣、高乃明、朱佳佳

2009
哈西住宅小区规划

建设地点：哈尔滨市哈西新区。西：哈西大街；北：保健路；南：宁安路；东：河道
工程规模：93.6 万平方米
设计时间：2009.12-2010.1
参与阶段：总体规划方案设计
设计团队：
方案指导：刘光亚
方案设计：王　珣、金　江、高乃明、吴　晶、傅荣华

2010
北京升旗宾馆

建设地点：北京天安门广场东南侧
设计时间：2010.4
参与阶段：立面改造方案设计
设计团队：
方案指导：王　珣
方案设计：高乃明、刘　芳、丛　林、傅荣华

2010
天津保利玫瑰湾 B 地块

建设地点：天津市东丽区城市外环高速南侧，昆仑路以西
工程规模：25.6 万平方米
（地上 20.4 万平方米，地下 5.2 万平方米）
设计时间：2010.3-2010.8
竣工时间：在建
参与阶段：方案设计、施工图设计
设计团队：
方案　指导：王　泉
方案　设计：蔡善毅、徐　媛、王　珣、薛文军
施工图设计：
工程主持人：王　珣
建筑　专业：刘红东、杜颖华、汪洋子、姜君林
徐小惠
结构　专业：张利军、纪福宏、于海雁、叶天泽
马立博、刘晓艺
给水排水专业：杨正军、于　馨、王　晶
暖通　专业：井　玲、刘　蕊、刘　颖
电气　专业：严　伟、张阿丽、吴旭媛

2010
北京模式口商业街

建设地点：北京市石景山区模式口小学及市场片区
工程规模：22300 平方米（地上 11700 平方米，地下 10600 平方米）
设计时间：2010.12-2011.5
竣工时间：在建
参与阶段：方案设计、施工图设计
设计团队：
方案　设计：王　珣、高乃明、石绍磊、王　虹、张国梁、孙成娟
施工图设计：
工程主持人：王　珣
建筑　专业：高乃明、石绍磊、王　虹
张国梁、孙成娟、张晓琳
结构　专业：石伟民、王　丛、张雨大
刁益伟
给水排水专业：高建海、张红玲、彭波
暖通　专业：乔　兵、张　萍、王　冰
电气　专业：赵振云、程　哲

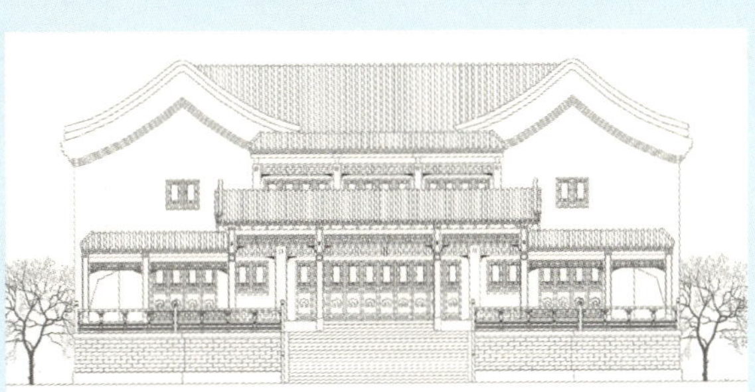

2010
西安国家民用航天产业园基地

建设地点：西安市南郊国家民用航天产业基地，北侧：飞天路；南侧：航天中路
工程规模：15.5 万平方米（地上 11.3 万平方米，地下 4.2 万平方米）
设计时间：2010.8-2010.11
竣工时间：在建
参与阶段：初步设计、施工图设计
设计团队：
方案　设计：郭晓庆、郭振明
施工图设计：
工程主持人：王　珣
建筑　专业：高乃明、达　兰、肖亮辉、石绍磊、孙成娟、张思远、张国梁、王　虹
结构　专业：石伟民、张雨大、刁益伟、王自强、姚瑞香、庞翠翠
给水排水专业：高建海、张红玲、彭　波
暖通　专业：乔　兵、张　萍
电气　专业：赵振云、程　哲

高层办公透视图

2011
西安临潼湿地公园 A、B 地块餐饮娱乐建筑

建设地点：西安临潼国家旅游休闲度假区中央湿地公园（芷阳段）
工程规模：A 地块 5500 平方米、B 地块 5300 平方米
设计时间：2011.5
参与阶段：概念方案设计
设计团队：
方案设计：王　珣、王　虹、石绍磊、
　　　　　高乃明

谨以此部分

向书中建筑设计作品提到的 211 位合作者表示衷心的感谢！

向没有回忆起来而又一同战斗过的合作者表示深深的歉意！

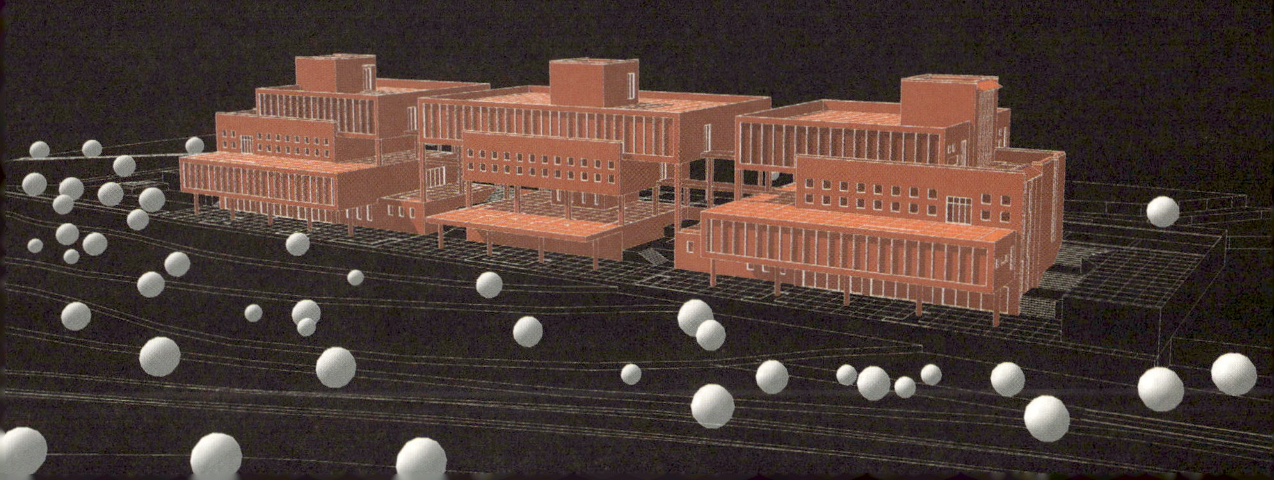

感　　谢

十年时间一晃而过，往事历历在目，由于应该感谢的人太多，在这里无法一一表述。但其中有些朋友的帮助对我走过的人生道路起到了根本性转变的作用，在这里再一次表示衷心的感谢。

感谢张雪峰先生，是他将我介绍到中国建筑设计研究院这个大集体中，使我开阔眼界，接触众多业务水平很高的老师和同仁，为自己的业务水平提高打下基础，为后来重要项目的接手做好准备。

感谢孙国峰先生，是他在我的发展遇到瓶颈的时候，力排众议地接纳我，并为我多次提供参与大型工程项目设计以及主持工程的机会，使我感觉到自己的业务水平和设计能力有了质的变化。

感谢刘光亚先生，是他为我的设计工作提供了更大的发展空间，既有独立主持建成并已使用的大型项目，又有与世界著名设计公司共同协作和竞争的机会，极大地锻炼了自己与业主直接沟通和率领团队协同作战的能力。

感谢阮渭华先生，是他为我的设计工作能够进一步发展提供了更大的自由度，更多地接触项目策划、产品定位、市场动向等与建筑设计工作息息相关而又不属于设计范畴的工作内容，为迎接新的设计挑战和机遇做好准备。

感谢我的同胞兄长王泉，作为一名优秀的建筑设计师，他是我人生道路的航标灯。不论是在专业知识、工作风格方面，还是在生活态度、发展方向方面，都为我提供了极大的帮助。在我成功的时候不断提醒我，在我失败的时候不断鼓励我，在我喜悦的时候与我共同分享，在我苦恼的时候与我共同承担。

感谢我的恩师韩秀琦先生，作为中国建筑设计研究院的副总规划师，她在百忙之中对本书的内容和构架提出了很多宝贵和中肯的意见，并对本书的很多学术和心得观点不吝赐教，知遇之恩，难以回报。

大恩不言谢！愿这些经常帮助别人的良师益友都会收获好的回报。